你要元气满满
也要人间清醒

蓑依／著

内容提要

本书描写了在校学生、职场白领、家庭主妇等新时代女性形象，并从"自律的人生更自由""成长过程中必须直面孤独""在平凡中创造不凡""每天都要活得光鲜亮丽"等方面，讲述了女子要清醒地看待人生境况，拥有主导生活的能力。作者摒弃了生硬的说教，以"知心姐姐"的口吻，叙说抚慰心灵的哲思妙语，从而帮助读者认清自我、改变现状。

图书在版编目（CIP）数据

你要元气满满，也要人间清醒 / 蓑依著. -- 北京：中国水利水电出版社，2021.11
ISBN 978-7-5226-0192-2

Ⅰ. ①你⋯ Ⅱ. ①蓑⋯ Ⅲ. ①女性－成功心理－通俗读物 Ⅳ. ①B848.4-49

中国版本图书馆CIP数据核字(2021)第215688号

书　　名	你要元气满满，也要人间清醒 NI YAO YUANQI MANMAN, YE YAO RENJIAN QINGXING
作　　者	蓑依　著
出版发行	中国水利水电出版社 （北京市海淀区玉渊潭南路1号D座　100038） 网址：www.waterpub.com.cn E-mail：sales@waterpub.com.cn 电话：（010）68367658（营销中心）
经　　售	北京科水图书销售中心（零售） 电话：（010）88383994、63202643、68545874 全国各地新华书店和相关出版物销售网点
排　　版	北京水利万物传媒有限公司
印　　刷	天津旭非印刷有限公司
规　　格	146mm×210mm　32开本　8.5印张　198千字
版　　次	2021年11月第1版　2021年11月第1次印刷
定　　价	49.80元

凡购买我社图书，如有缺页、倒页、脱页的，本社发行部负责调换
版权所有·侵权必究

目　录
contents

第一章
因为你是女孩，所以你的一切都可爱

Hey，要给我洗樱桃的女孩　　　　　　　　003
Hey，在背后说我坏话的女孩　　　　　　　006
Hey，40岁还没结婚的女孩　　　　　　　　009
Hey，没钱去旅行的女孩　　　　　　　　　013
Hey，犹豫要不要联系前任的女孩　　　　　017
Hey，觉得自己平庸的女孩　　　　　　　　022
Hey，对父母很冷淡的女孩　　　　　　　　027
Hey，除了朋友一无所有的女孩　　　　　　031
Hey，觉得自己无所不能的女孩　　　　　　034

第二章

每一寸性感，都是有血有肉的荣光

Hey，主动追求爱情的女孩	041
Hey，问我理想爱情的女孩	045
Hey，没有去过天文馆的女孩	048
Hey，想后退一步的女孩	052
Hey，经常发火的女孩	056
Hey，想要成为作家的女孩	060
Hey，扮冷扮酷的女孩	064
Hey，寻求建议的女孩	067
Hey，想辞职创业的女孩	071
Hey，和朋友拼床的女孩	074

第三章

别担心，沉闷的日子会有风

Hey，太用力奔跑的女孩	079
Hey，想要幸福婚姻的女孩	082
Hey，只管活成花的女孩	084
Hey，不想和朋友走散的女孩	087

Hey，不允许别人不快乐的女孩	090
Hey，被谣言击中的女孩	093
Hey，想做自由职业者的女孩	096
Hey，心烦意乱但想做大事的女孩	099
Hey，出身农村的女孩	102
Hey，优秀且自律的女孩	109

第四章

成长是在孤独里玩得最好的游戏

Hey，孤独成长的女孩	115
Hey，拧巴的女孩	119
Hey，想要迅速晋升的女孩	123
Hey，30岁不再创业的女孩	127
Hey，容貌焦虑的女孩	131
Hey，不懂拒绝的女孩	134
Hey，见人说人话的女孩	137
Hey，经常失眠的女孩	140
Hey，长年没有进步的女孩	143
Hey，没赚到钱的女孩	147

第五章
永远自律，永远自由

Hey，蓑依：你敢用一年的时间来试错吗？　　153
Hey，蓑依：无条件地爱，才能避免伤害　　156
Hey，蓑依：生命的意义是什么？　　160
Hey，蓑依：没有写作，你会怎样？　　164
Hey，蓑依：爱情需要互相给予　　167
Hey，蓑依：你的土地需要休养生息　　171
Hey，蓑依：永远自律，永远自由　　175
Hey，蓑依：别逃避悲伤　　179
Hey，蓑依：你想要一个怎样的家？　　182
Hey，蓑依：你要相信30岁的人生更精彩　　185

第六章
质感写在了你的脸上

Hey，想要减肥的女孩　　191
Hey，矫情的女孩　　194
Hey，果断说分手的女孩　　197
Hey，想要办婚礼的女孩　　201

Hey，敏感的女孩 204
Hey，一心只想赚钱的女孩 208
Hey，不安稳的女孩 212
Hey，被励志点燃的女孩 216
Hey，马上要结婚的女孩 219
Hey，不注重面相的女孩 223

第七章
逃离任何消耗你快乐的人和事

Hey，被分手的女孩 229
Hey，想要情绪稳定的女孩 232
Hey，弱势心态的女孩 236
Hey，见到领导会害怕的女孩 240
Hey，那个冻伤卵巢的女孩 243
Hey，想要获得力量的女孩 246
Hey，分道扬镳的女孩 249
Hey，想要旅居的女孩 252
Hey，痴迷跑步的女孩 256
Hey，无法平衡工作和生活的女孩 260

FOR YOU

第一章

因为你是女孩,

所以你的一切都可爱

你 要 元 气 满 满 , 也 要 人 间 清 醒

Hey，要给我洗樱桃的女孩

我正在工作，手边是同事刚送来的樱桃。你走过来，看我在忙，小声地问了一句："菲菲姐，我帮你把樱桃洗了吧？"我转过头，惊恐地看了你一眼。看得出来，你被吓住了，而且有些脸红，我淡淡地说："不用了，我不着急吃。"

亲爱的，你知道吗？当你说出"我帮你把樱桃洗了吧"的时候，我心里的某些"部位"碎掉了。还记得我第一次见到你的时候，你是那么骄傲，作为实习生却并不怯懦，制片人说你不合适的时候，你有理有据地反驳。两三个月之后，你身上的骄傲变成了一团雾，让人看不清、抓不住。当你在职场上开始游刃有余，学着职场老人的样子去交际和工作的时候，我是心疼的、惋惜的。

和你一起来实习的还有一个，他是男生。很多同事都向我抱怨过他不听话、不认真、不可教，可是，我喜欢他的呆萌，喜欢他的天真，喜欢他"我就这样，你能怎么地"的无羁，直到他离职的那一刻依然没有变。他似乎很没有礼貌,连招呼都没和我打,就从公司里消失了。但我原谅,并且真诚地祝福他。

同样是三个月的时间,他"孺子不可教",和刚来的时候比,没有什么变化;你"成大器",所有人都惊讶于你的成长,还冠以你学霸的称号。你走后,所有同事都记得优秀的你,可能没有多少人记得那个没有变化的男孩子,但是对我而言,对我这个亲手带你的职场前辈而言,如果非要给你一个职场评估,我会说,在这三个月里面,你的"成熟"远远大于你的"成功"。

我们通常把毕业之后开始工作,称为"走向社会""社会就是江湖",要把之前在学校里用于学习的时间挤出一部分来用于交际,用于做人。我"进入社会"马上就三年了,在"江湖"里面做得并不成功。我的好朋友经常说我"太理想化",他们关心我,希望我更成熟、更世故,但我做不到,或者说我拒绝去做。这是我做人的姿态,也许不合时宜,也许被误认为是清高,但这就是我,别人无话语权。

三年的时间我都没有学会的"成熟",你在三个月里就学到了很多,这是我最担心、最难过的。我很担忧这段职场生涯给你的启发是:只要会做人,只要知世故,就可以在职场上游刃有余。亲爱的,人要有两个世界:一个是"江湖";一个是"桃花源"。你才23岁,在"桃花源"里多待一阵子,"江湖"只要你想看,就能看到,别那么着急去"打打杀杀"。

我很开心，你将要去英国读硕士了。我没有在英国生活过，但我听一个在英国生活了很多年的朋友说，那是一个能让人开阔视野、增长见识的地方。我希望你毕业了，回国和我一起吃饭的时候，会说"菲菲姐，我觉得你可以换个角度去想某件事"，而不是"菲菲姐，要不要我帮你拿一个新的盘子"。

我不要这种"礼貌"，我要你无论何时何地、何种境遇，都是樱桃本身，而不是那个"洗樱桃"的人。

Hey，在背后说我坏话的女孩

说实在的，我不在乎背后说我坏话的人，一是总会有人在背后说你，你想要阻止或者控制住局面，几乎不可能；二是我从小到大都是从逆境中、不被人看好中成长起来的，相比那些现实中的困难，我认为语言的力量要弱很多，甚至无关痛痒、不值一提。

今天我之所以会写这样一封信，是因为早上我突然接到一个好友的电话，她非常急切地对我说，昨晚她和某个女生见面，那个女生在她面前说了很多我的坏话，子虚乌有不说，而且假得让她都受不了了。她来电话就是要告诉我："你一定要远离这个人，小心再小心。"

我一边睡眼惺忪地穿衣服，一边听她在电话里给我转述那些我的"坏话"。有一种很奇妙的感觉，就是你知道很多人会在背后说你，但你第一次知道别人是怎么说你的，就像你很爱一个人，第一次从他口中听到他对你的评价时一样奇妙。像所有成熟的成年人一样,我和好友分析了她之所以那么针对我的原因,追根溯源,也就是嫉妒。

我在网络上看到过一句话:"没有地位的人,大抵也不会被谣言中伤。"其实,所有的谣言或者坏话,你追查到最后,会发现都来源于"嫉妒"这个词,而对于我们这些没多少地位的普通人来说,大抵所嫉妒的东西又小之又小。比如,男生的一个眼神,或你的工资比她高了一点儿,抑或你今天穿的衣服比她的漂亮。

我也是一个说过别人坏话的人,但我说坏话有一个特点:有理有据地吐槽。我似乎是个逻辑控,在说别人坏话的时候,要一个层次一个层次地列举对方所做的事,以支撑我的吐槽。我所说的并不是编造,每一条都是已发生的事实,我看不惯,所以必须要说。

但是随着年龄的增长,尤其是开始写东西之后,我越来越不能忍受去说别人的坏话了,更愿意做一个观察者和倾听者,因为说话很累,尤其是说没有营养的话,太累了。而且,又有什么值得说的呢?就算你不能忍受,大多也都是一些鸡毛蒜皮的小事。

说别人坏话,就相当于在对别人说:"你看,我过得很糟糕。"过得好的、过得优质的、过得奋进的人,哪有时间去扯这些没用的东西;只有无所事事的、过得不开心的人,才会把精力放在别人身上。你不喜欢对方,却还要把精力放在对方身上,可谓得不偿失。

那些无所事事的人总爱聚在一起，聚在一起要说些什么呢？我的建议是要多看优质的、有趣的电视剧、电影、综艺节目，哪怕是打游戏，甚至是最近的服饰搭配或者彩妆的流行趋势。积累一些聊天素材库，如果想要过过嘴瘾，用这些素材随便说说就好了，有本事的人随便聊一个话题都能把聊天推到高潮。

我讨厌说别人坏话，也不喜欢听别人说其他人的坏话。主要是因为那些"坏话"时刻，说话的人都是畏畏缩缩的，眼神是飘忽的，整个人因为没有底气，即使用再大的力气说话，佯装得再兴奋，也还是死气沉沉的、不舒展的。那些时刻，那些人会让我觉得面目可憎，只想赶紧避而远之。

Hey，40岁还没结婚的女孩

我们是在一个培训课上认识的。你是我的学员，从和你见面到第一天培训结束，我和你说了很多话，你也在课堂上做了很多展示。我怎么也想不到，等晚上聊天的时候，我很自然地问你的年龄，你害羞地说："我今年40岁。"天呢，怎么可能？明明看上去是20多岁的小姑娘，发型、着装、皮肤、身材、精气神儿，没有一个地方显示你和40岁有关。

当我这样想的时候，我知道是我狭隘了。什么叫作和40岁有关？40岁该是什么样子呢？必须得是孩子的妈妈，必须得是身材臃肿，必须得是皮肤松弛吗？不，40岁应该是所有的样子，所有可能的样子。我不应该惊讶，更不应该放大年龄这个条件。

我们的这次聊天是因为你在这场培训结束的时候，要做一个10分钟的演讲，我的任务是协助你完成演讲稿，所以我必须对你有一个深度的采访，对你了解得特别清楚。身为媒体人的敏感，让我明白：如果我对"40岁"都惊讶的话，那么从这个角度去做一篇演讲，会很有效果，很多人想必会和我一样惊讶。于是，围绕你那四十年的人生，我们展开了几个小时的深度交流。

我问你："你做过的最大胆的事情是什么？""你做过的最出乎意料的一件事是什么？""你做过的最骄傲的一件事情是什么？""你做过的最不合时宜、最不适合你年龄的一件事情是什么？"我变着花样儿去"套取"你的故事，看得出来，你真的很努力地在回想、在配合我，但是你真的答不上来。

你在北京有房子、有车、有非常高的职位，除了没有结婚之外，你赢得了一个女生在世俗意义上应该有的一切，而且还是高质量。我在想：如果我是你，我也可以选择不结婚。既然我物质富足、时间自由，我一定要过得非常精彩。世界那么大，我一定要去看看；生活那么丰富，我一定要去试试。

我们聊天时，你拿出一包糖果说，这是你去日本时买的；你让我帮你挑衣服，你说这条裙子是上个月去法国时买的；你让我看你微信朋友圈里一张像某明星的照片，说是今年过生日时去英国拍的。听到这里，我眼前一亮，我问你："你应该去过很多国家，有没有一些有意思的事情发生？好玩的，或者打动你的，或者难过的，只要印象深刻的都可以。"你再次陷入回想模式，眉头紧锁，就是想不到，甚至问你是否遇到过印象深刻的路人，你都摇摇头说："没有，大部分时间都是吃吃喝喝、玩玩逛逛。"

最后，我还是帮你完成了一篇稿子，题目是《一张白纸》。你现在还像一张白纸一样，对生活满怀着期待，接受任何的可能性，笔在自己手中，你可以在这张白纸上随心而画。你很喜欢，觉得我懂你，你很想告诉身边的朋友和亲人你的人生态度——我愿意在大人的世界里面做一个单纯的小孩儿。

你演讲的时候，我坐在台下看着你。我觉得你的内心是相信的，是真的认为自己就是一个孩子，但同时也听出了你的拧巴：你很想向别人解释，没有结婚，没有谈恋爱，是因为想要保护内心的孩子。

可是，亲爱的，所有人都为你的演讲鼓掌的时候，我却高兴不起来，因为当你在我们的演讲稿之外，临时增加了很多解释的时候，你就输了。当你想要解释的时候，说明你不接受现在的生活，你明明很想谈恋爱、很想结婚，却告诉别人："我其实根本不关心这些。"

40岁不结婚，没有任何问题，但你要有能力做到悦纳或者说接受这件事。而要做到接受，你必须要有自信回答我上面提到的所有问题。你必须热爱尝试，必须拥抱生活，并且爱过、哭过、经历过。如果真是一张白纸，那不是什么值得骄傲的事情。

也就是说，40岁不结婚需要底气，这个底气不是你有车、有房、有钱，而是你阅尽沧桑、看尽繁华的时候，内心是富足的，是有光芒的，是沉甸甸的。这就是你做出的选择，不是无可奈何下只能接受的安排。

40岁选择未婚和23岁选择结婚一样难。如果夜深人静,你觉得自己40岁未婚是失败的,你是痛苦的,那说明你在修炼自己的这条路上偷工减料了。

大龄单身,是选择了一条相对艰难的路,绝不是一条相对简单的路。

Hey，没钱去旅行的女孩

不知道那天你给我说的几句话，为什么会让我印象那么深刻。好多天过去了，我还是想坐下来和你聊聊这个问题。

事情很简单：你今年上中学，放暑假了，同学们都去全国各地旅游了，你很想和他们一样，但你的父母不允许，因为家里条件不允许。你也知道家里的负担挺重的，可是你不甘心，真的想要去外面看看。

这个问题别人听后，也许会一笑而过，认同你妈妈告诉你的那样，等将来上了大学，就可以出去看看了。而且你妈妈的眼神里夹带着一些批评，觉得你不懂事，不体谅家里的苦楚。

但是你知道吗？我不但不觉得你不懂事，反而特别羡慕你。

我小时候生活的环境可能比你还糟，父母虽然是老师，但中途有一段时间做生意失败欠了一大笔钱。每年过年的时候，都会有人来讨债。有一次，一位叔叔骑着自行车又来讨债，讲话很难听，趾高气扬的。我愤怒不已，拉着刚刚会走路的弟弟，到了他的自行车旁边，用一根很粗的针把车胎扎破了。这应该是我中学时做过的最"勇敢"的事。在我的意识里，家庭的贫穷和我有关，和我们家里的每一个人都有关。

家里所有的亲戚朋友都夸我"懂事"，我做的所有的事都符合"懂事"的条件：学习成绩很好，不和同学吵架，假期在家里看书，出去玩随时和父母报备，没钱买的东西绝对不买。

我永远记得和你一样的14岁的那个暑假，一张作文大赛晋级的通知书被邮递员送到了我的面前，话说那还是我第一次见邮递员来我家。通知书里面有一句话：要邮寄50元的参赛费，才能够进入下一轮的比赛。妈妈很直接地说买两块钱鸡蛋的钱都没有，50块钱太多了。你知道我有多懂事吗？通知书还没焐热呢，我就一边撕掉，一边说："我才不去参赛呢？要交参赛费的一定是骗子！"这个"涟漪"就这样被懂事的我解决掉了，仿佛没有发生过一样，哪怕它是我人生中写的作文第一次得到认可，第一次啊。

我当然没有抱怨爸妈的意思，那些年，为了能够偿还债务，他们也竭尽全力，在允许的范围内给了我最好的生活。现在回想起这段经历，所有的情绪都和爸妈无关，和贫穷无关，而只和我自己有关，如果能再重来一次，我一定不会那么懂事。

传统的价值观会被赞美为"懂事"，贫穷就该忍耐，困难就该坚持。不,这世上从来没有"应该"。你知道那些"懂事"的孩子长大后会怎么样吗?很可能会变得更懂事,懂事到乏味,懂事到变成不喜欢的自己。

最近这些年,我一直在做的事情就是对抗懂事。懂事会让一个人固化,会让一个人在遇到问题的时候第一个亏欠的就是自己。就算是谈恋爱这件美好的事,也难免如此。如果在恋爱中,你很懂事,很可能会是那个受伤最深的人。这无关道德,而有关自由。一个人是自由的,有自己的小邪恶,有自己的小脾气,有自己的顽固和偏执,这样两个人才都是自由的。如果一个人紧绷绷的,做绝对正确的事,说不伤害别人的话,没有疏漏,不会撒娇,永远体谅对方,这根本就不是恋人啊。

当然,我不是要求你变得不懂事,我只是希望你不要因"没钱不能出去旅行"的这种不甘而觉得羞愧。这是你这个年龄不该有的心情,甚至出去玩也不是为了见识更广大的世界,而是想要在开学的时候向同学们炫耀。没什么,你要尊重自己的这种心情和看起来非常幼稚的逻辑。如果再让我回到14岁,当我妈妈说没有钱交参赛费时,我一定会哭着说:"我不管,我想要参赛。"也许这并不能改变什么,也许最后我还是没钱去参加比赛,但起码我说出了自己的心里话,我没有在很小的年纪就压抑自己而不自知,也给了家人了解我真实心理的机会。

说到了这里,我明白了,你那几句看起来无关痛痒的"抱怨"之所以能打动我，是因为我在你这个年龄从来没有过这样的忧虑，甚至到现在也没有。我不是一个会尊重自己情绪的人，过早的懂事让我成为一个稳固的、只重视利弊和效率的人。

　　之前和好朋友一起逛街，他们看到很有少女心的东西会尖叫，而我就想翻个白眼，再说声"幼稚"。我用了很长的时间去反思这种行为背后的逻辑，当我想明白了之后，竟然成了一个痴迷"抓娃娃"的人。一方面是小的时候我太懂事了，从来没说过一句喜欢毛绒玩具，虽然到同学家里我会抱着不放，因为我很清楚我们家买不起；一方面是"抓娃娃"时人的心情会非常复杂，一会儿紧张到要窒息，一会儿失落得不想动，过山车式的起伏中，又有些细腻、持久的小情绪，那种丰富性令我着迷。

　　我不希望你成为一个"懂事"的小孩，因为小孩有机会不懂事；我不希望你成为一个"懂事"的小孩，因为"懂事"的小孩往往会成为一个"懂事"的大人，而那个大人并不会多么快乐。

　　世人都认可成熟、礼貌、聪明、幸福，而我尊重自卑、纠结、不甘、骄傲、迷茫、愤怒；世人都会教育我们如何成为一个标准的社会人，但是我想告诉你：当你说出上面那些话的时候，你就已经是一个正常的14岁小孩了。"正常"和"标准"之间是有缝隙的，那缝隙当中，是清晨的风，是傍晚的云，是心底盛开的玫瑰花。

Hey，犹豫要不要联系前任的女孩

昨晚在闺蜜家睡觉，睡前刷微信朋友圈，看到前男友发的一条状态：不吃早餐是一件很嘻哈的事，我不假思索地在下面回复说：不吃早餐哪里是嘻哈啊，根本就是朋克嘛。接着就看到他回：这是歌词呀。糗大了，我觉得自己太丢脸了，然后就和闺蜜嚷嚷，又显示自己的无知了。闺蜜反问了我一句："你为啥还和他联系啊？"这一问，倒把我问住了。

我相信所有的女孩子都会遇到一个问题：要不要和前任联系？尤其是在分手不久的这段时间里。每个人都会有不同的答案，都有各自的道理，坦白地说，没有最好的处理方法，只有最合适的方法。对我来说，如果想要联系，就不会压抑自己，会主动联系；而他们如果主动联系我，我也不拒绝，因为我觉得这两种情况的分寸感，我都有能力把握。

我是一个严重的"睹物思人症"患者，一起去过的餐厅，一起逛过的马路、一起看过的书，我都记得清清楚楚，不管多少年过去了，也不管那是多么微不足道的事，甚至当时的天气、心情，以及穿的衣服、说的话，我都会记得。想要我这样的人忘记前任是不太可能的，我也承认，我做不到。

和前任分手后的某一天，我想背一个很久都没有背过的包出门，从柜子里拿出来的时候，发现上面挂着一个毛绒娃娃。那一刻，和他在一起的画面在脑海中不断涌现，本来要着急出门的，可我就是迈不开腿。看着那个包和毛绒娃娃，我一动不动，脑子里全都是他把娃娃系在包包的袋子上，对我笑嘻嘻地说"这样背着很酷"的画面。

我家有一个很大的盒子，里面都是前任送我的礼物。其实都非常普通，一个手链，一个木质的花生，一个猫头鹰形状的音乐盒等，都是小物件。但是，那个手链是我生病的时候，他买来戴在我手上的；那个木质的花生在他家可以说是祖传的东西了；就连那个猫头鹰形状的音乐盒都是他从海南省带回来的，他妈妈一个，我一个。

我没有丢掉前任送给我的东西的习惯，包括与他有关的记忆、温暖和爱，是因为我认为：如果你对他的心意扔不掉，就算把所有的东西都扔掉也无效。陪你走过生命中很特别的一段时光的人，不应该成为你的敌人，如果不能成为友人，成为普通的相识就好。这样想的话，那份心意真的不用刻意扔掉。

他的梦想是回家"云养鸡",我偶然看到相关的新闻,发现真的有人在做这样的事情,就会发给他,然后嘲笑一番;他教会了我做西红柿牛腩,但我半年或者一年才会做一次,因为懒,但我做了就会拍照片发给他,顺便说一句"谢了";有一家我们一起想去的店当初没有开业,而有一天我发现开业了,就进去看看,然后具体地告诉他里面怎么样怎么样;之前听他谈起一个导演,有天没事可干,就把这个导演的电影一部部地看完了,然后为每部电影写了一段感受,想听听他的看法⋯⋯

当我这么做的时候,我收获的是:他收到了一个新的offer,但拿不定主意,会过来问我"许老师,你怎么看?"他在东京的酒吧喝多了,会痛哭流涕地给我打电话,不谈想念,不谈孤独,只谈他当时面临的压力——家人生病的痛楚。有时也会冷不丁地给我发信息:"你们山东人是不是都特别爱吃大蒜啊?"或者"新书的名字取好了没?"

那么可爱和有趣的人,是我们在千万人中选择的,多么难得。怎么可以因为不能在一起,就永远保持距离,就此生无复相见呢?就是因为这个理由,我放过了我们的僵持,也放过了自己。

我相信人和人之间是有磁场的,你如何对待对方,对方大致也会以同样的态度来对待你。如果你是暧昧的,那他也很可能是暧昧的;但如果你是纯粹的、直接的,对方也会是欢快的、轻松的。和前任之间没有暧昧，是底线。也就是说，并非所有的联系都是暧昧，就如同你给一个男同事或者普通的男性朋友发个信息，或者随便聊几句，并不等同于你就对这个人有好感、有所图。

电视剧《欲望都市》里有一集是凯莉和大先生分手后，凯莉想尽一切办法试图忘掉他。但不管是"买买买"，还是去结交新的男朋友都无济于事，她到哪里都可以"看到"无处不在的大先生。最后，凯莉说："管它呢？为什么非要忘掉。"是啊，为什么非要忘掉？更何况根本就忘不掉。

我是一个从来不会因为分手而哭得稀里哗啦的人，淡定得所有人都看不出来，不是我故意克制，而是因为我很清楚：我们只是不能在一起了，并不意味着我们和对方永不相见了。如果偶尔还能约出来一起吃顿饭，或者互相发信息问候一下，为什么要把自己弄得这么疲惫和糟糕呢？无论我们是否在一起，我喜欢过的这个人还存在于我的生活中，这就够了。

之前看《前任》系列电影的时候，我完全无感，却在看《后来的我们》时哭得眼泪横流。那些台词，到现在我都能张口就来："后来的我们，什么都有了，却没有了我们。""我最大的遗憾就是你的遗憾与我有关。""我已经努力变成你想要的样子了，可我已经不是原来的样子了。""缘分这件事，能不负对方就好，想不负此生真的很难。"之所以记得这么清楚，是因为这就是我和前任的全部，都与成长、时间、理想和现实有关，而和那个人没有关系。

　　Hey，那个犹豫着是否要联系前男友的女孩，不要犹豫了，想联系就联系吧。他或许会给你一个开心的回应，或许会不理你，都没关系，你联系了，就是结果本身。

Hey，觉得自己平庸的女孩

我有两个铁哥们儿，我们自称"三剑客"，从大学到现在，维持了将近十年的友谊。我们三个人志趣相投，活得都非常励志：一个家庭贫困，靠着奖学金上学，最终考上了北京电影学院，现在成了小有名气的影评人和策展人；一个把新闻理想从完全不被人看好做成了现实，就职于某知名新闻周刊；而我也实现了当初的梦想，成了出版过几本书的写作者，另外，在梦想的电视行业也算做得不错。

乍一看，我们三个人都很风光。都是在农村长大，在其他同学放弃自己的梦想或者改变自己人生轨迹的时候，我们在咬牙坚持。

有一天，我们三个一起吃饭，聊着聊着，我突然说出了一句非常扫兴的连我自己也吓着了的话："你们不觉得咱们三个都活成了非常普通的人了吗？"他们当然反驳我，觉得我可以换一个思路去认识自己，想象一下自己回到大学，老师向大家介绍我们三个人。如果我们自己是坐在台下的学生，会觉得台上的那三个人好棒，只是因为身边的人都很强，所以才觉得自己很普通。

不，我不这么认为！我不能去评判他们两个的人生，毕竟冷暖自知，每个人都有自己的艰辛和收获，但我是他们最好的朋友，如果从这个角度去观望我们三个人这个阶段的人生，我会觉得很普通。

我们都希望成为有"少年感"的人，这个"少年感"不只是有理想，不只是有坚持，不只是有自由，更重要的是有勇气。眼下，我们三个人或许还有一丝尚存的勇气，但完全没做有勇气的事情。

做影评人和策展人的没有做出特别让人惊奇的成果；做新闻的也没有制作出一个让自己骄傲的片子；而我至今没有写出出乎意料的作品，距离梦想还有特别远的距离，可是我们却欣然接受，开始慢腾腾地生活了。

如果说从大学毕业后到此刻的这十年，是一场马拉松长跑的话，我们的前半程非常勇敢，非常热血，非常苦，非常难，可是后半程更加苦，更加难，我们却觉得慢跑也可以到达终点。一个朋友说："你不能用百米冲刺的速度去跑马拉松，可是热血的人可以休整一下，但不可以就此不再冲刺了。认为自己上路了，只要目标明确、方向正确，就可以随着人流一起往前走了。

"不，不可以！你和他们不一样，你要不间断地冲刺。不是因为你要赢，而是因为越往前越难，你越得用力。生活和梦想都是有筛选机制的，你不超越其他人就会被淘汰，超越和淘汰之外，没有平衡地带。"

今天早上，我偶然翻到了自己出书时发的微博，突然一阵感慨。当年为了完成出书的梦想，我没日没夜地写作，这只是前提；除了写作，我还要去寻找出版的途径，比如当面去找某出版社的编辑，告诉对方我可以不要稿费，只要署名就行；还给其他出版社发邮件，一次次被驳回之后终于有了消息，按照对方的要求进行文稿的修改，改得自己都要崩溃了。

有一天，我在研究生宿舍里面突然号啕大哭，室友吓坏了，赶紧围过来安慰我。到现在我都没有告诉他们当时哭的原因：编辑让我做一件非常难统筹的事，但我做不好。此刻想来，那件事很简单，但对当时的我来说太难了。

很多人都说出书很简单，只要会写字，就可以出书。我不这样觉得，出一本普通的书可以，但如果出一本具有畅销潜质的书，并不容易。我出版的三本书全都是按照畅销书的路线走的，所以整个过程非常受折磨。我无数次想过：我可以不要畅销吗？只要出版就可以！但是当一本书写出来，就不是作者自己的事情了，而是一个出版团队的事情，你不能意气用事。

我在出版社的官方微博里搜索自己的名字，发现最新的一条是2017年的。在其后的时间里，编辑催过我无数次，合同在2017年年初就签好了，但我每每因为工作太忙、太累，就觉得可以先不写，可以再拖一下。每次编辑向我要稿子，我都很愧疚，我很讨厌拖延，却在写作这件事上成了一个拖延的人。

我在今年终于交稿时，给编辑发了很长一条信息向她道歉，与其说在对她说对不起，不如说在对我的梦想说对不起。在我没有机会出书的时候，曾无数次祈求："如果给我一次出版的机会，我一定会坚持写下去，写一辈子。"现在我有机会一本接一本地出书了，而且销量都很好时，我却拖延了。

这几年，我没有写书，可是很多人还认为我是作家，甚至别人还以"作家"的身份介绍我。读者或者朋友都觉得我在写作这件事上做得不错，但是只有我自己知道，我远远没有写书的那几年那么拼，那么勇敢，那么敢于挑战自己。

这几年出版行业风云变幻，有很多契机和变革我都没抓住，没迎头而上，在我错过这么多机会的时候，也渐渐地变得平庸。

其他事情也和写作大同小异，你的激情、勇敢、奋进都是慢慢被消磨掉的。你当然一直在努力，但是努力的程度远远不够，远远比不上之前的自己。这世上哪里有一劳永逸的事，打下江山容易，坐稳江山难。而我们很多人都是本末倒置，觉得江山打下了，先好好享受一下再说。实际上，在你享受的时候，你就已经输了，"江山"已经离你而去。

我不是"苦难崇尚者",我不认为吃苦就是努力,吃苦就值得被歌颂。我是"不满足崇尚者",对自己永远不满足,永远有饥饿感,永远有快速奔跑的毅力,如果这个过程需要吃苦,需要挑战自己,需要让自己头破血流,那就来吧。

Hey,觉得自己平庸的女孩,我不会鼓励你"你已经很棒了",恰恰当你觉得自己平庸的时候,你的现状就是这样;我也不会告诉你"接受自己,要学会知足",不,知足和平庸是两码事,不要玩文字游戏。觉得自己平庸就是对自己不满意,就是觉得自己还有发展空间,就是对自己忍无可忍了。你的人生里不要有"忍",而要有"做",赶紧行动吧!

Hey，对父母很冷淡的女孩

真是神奇，这几天竟然有两个女孩都和我提及一个我很少会接触到的话题——对亲情没有感觉，对父母非常冷淡怎么办？

你们两个都出生在健全的家庭，又是家里的独生女，被父母从小宠到大，没有童年阴影，但就是想不明白：为什么我无论在外出门多远、时间多久，都没有想过家？为什么每次妈妈给我讲一些深情的、关心的话时，我都会觉得特别尴尬？为什么家里有亲戚去世，比如舅舅，我都没有流过一滴泪？为什么每次我和父母打电话超过一分钟就说不下去了？为什么我和朋友的感情特别深，我也是特别容易被感动的人，但对父母却完全不一样呢？

什么样的孩子才会对父母特别有依赖呢？我是学编剧的，从编剧的角度出发就特别好理解，对父母最有感觉的人，可能是特别贫苦的人，家庭贫穷，父母为了养育子女而辛苦自己，特别不容易，孩子看在眼里，疼在心里，一生都感念父母无数个流泪流汗的瞬间；可能是特别惨的人，父母吵得天翻地覆，时不时地还可能殴打孩子，在一个特别差的环境中长大，他们对父母或者是同情，或者是愤怒，总之都是非常极端的情绪。而做编剧的最不想要的剧情，就是父母很好，孩子很好，一切顺风顺水，没有"冲突线"，观众怎么会有共鸣呢？

在某综艺节目中，演员杜某和宋某演绎了曹丕和曹植"七步成章"的片段。其中的一个环节让我印象特别深刻，有老师告诉饰演曹植的宋某，曹植这个时候是想活着的；也有老师告诉宋某，曹植这个时候并没打算活着。这时候宋某就迷茫了：曹植到底是想死还是想活啊！他很痛苦地问节目中的指导老师："曹植不想死、也不想活，就这样不行吗？"指导老师这时候说了一句一针见血的话："如果是这样，那这个片段就会很平淡，没有冲突。"

有冲突，剧情才好玩、才好看，观众才会有感受，这是所有学编剧的人都知道的核心元素。可问题是生活从来不是影视剧，才不管你要不要把"我"写进剧情里呢，我就按照本来的样子，或平淡或精彩地往前走。

我最喜欢的一位日本导演是是枝裕和，他所有的电影都没有大冲突，基本都是通过白描的手法来还原生活，父与子坐在窗前的藤椅上，一坐就是五分钟；午后，婆婆和儿子站在水池边洗碗，什么也不说，水声却听得人浑身起鸡皮疙瘩；一对夫妻去爬山，就这样一个阶梯一个阶梯往上爬，空气中的蝉鸣声分外悠长。他的电影里全部是琐碎的日常生活，看过他的电影你会懂得什么叫"静水深流"，生活的汹涌来自一天接一天的暗流，那种对人、对物的摧毁或成全才是最无敌的。很多人都诟病他的电影不是电影，而是纪录片，因为在他的电影里很难看到冲突、反转和起承转合，但我认为这才是最高级的电影。

生活亦如是。没有剧烈冲突、细水长流，如同空气一样，无色无味，我们几乎忘掉了它的存在，但是没有它，我们根本活不了。

那两个女孩的家庭生活就是这样的，没有剧情，只有朴实的爱和温暖，貌似在你们身上是无色无味的，没有带来什么深刻的印记。很多时候，你们甚至会忘掉它的存在，会觉得淡漠，但它是你们的生命之源，它无处不在。

所以，请你们不要觉得自己冷淡。你们问我，要不要做做样子，让父母觉得你们特别爱他们，我觉得完全没必要。当你们在反思并向我表达这个问题的时候，说明你们心里是有父母的，真正的冷淡是根本就想不起来，或者看到了，也装作没有看到。

你们都是20多岁的女孩，处在想要看强烈的喜剧、悲剧的阶段，不喜欢那种平平淡淡的剧情。等你们慢慢长大了，生活中会不可避免地增加很多剧情，在那个时候，你们对父母的感受自然就会强烈起来。

你们还问说："为什么我对朋友会有那么强烈的感情呢？"很简单啊，因为你们心底里害怕失去，由此产生的紧张感会激发你们情感的浓度。但是，你们与父母之间不会有这种紧张感，他们犹如空气，不管你们多么无视，他们也会一直存在，因为不认为失去，也就不会在意。

我觉得会有很多人羡慕你们：父母健康平安，自己生活顺利，没有风浪，这对你们来说可能是最差的剧情，但绝对是最好的恩赐。

Hey，除了朋友一无所有的女孩

2020年9月，表妹去大学报到的时候，在微信朋友圈里发了一张和闺蜜的聊天截图。闺蜜说："我们宿舍有个人和你很像，说不清哪里像，就是那种感觉特别像。今天军训休息时，我在喝水，她轻轻拍了一下我的头，那种感觉特别像你。我抬起头来特别开心地笑了，然后，我就特别地想你。"看得出，闺蜜应该是在另一所大学吧。表妹说自己当时泪奔了，那一刻也特别想她。

隔着屏幕，我这个"老阿姨"看得也有些动容。怎么说呢？青春期的友情真好啊！摸摸你的头，那种只有两个人会懂的感觉就出来了，多么纯净啊。

也许因为我是一个悲观又冷漠的人，看到表妹的这种友情，虽然觉得温暖，但觉得可有可无。有当然好，如果没有，我一个人也可以过得很好，所以我实在不能明白"除了朋友一无所有"的人是怎么想的。

有个女孩的确是这样告诉我的,一字不差!她说:"友情对我特别重要,它像是一棵救命稻草。我总是拿出百分之百的力气去对待每一个我认为值得的朋友,为了朋友我做过很多疯狂的事,但是越长大越发现,你很珍惜的东西总有一天会消失,就像我身边的朋友都走光了。"

当她给我说这段话的时候,我特别羡慕她,和羡慕我的表妹一样。拥有过值得铭记一生的友谊,是一件多么幸运的事情!我没有,很可能是因为我是自私的,我做不到完全地付出。但是朋友就是渐行渐远的,有些人只能陪你一程,不管这段旅程精彩与否、长短与否,哪怕再痛苦,也要舍得放手。

海桑有一首很朦胧的诗歌《想起一个遥远的朋友》,适合说爱情,但送给友情同样适用。

不可能老是想着你

你不是我火烧眉毛的生活

但当闲暇时候

就会偶尔把你想起

想起你我站在灵魂的深处

就这样互相望着

那么简单,那么美好

如果我不是小心忍着

就要一个人笑出声来

我真的很羡慕拥有炽热的友情的人，因为在我心里，获得这样的友情太难了。

友情和爱情不一样，爱情是有仪式的，你们决定恋爱、开始同居、求婚、结婚、生孩子，每一个仪式感都在标注你们的关系，而友情没有；友情和亲情也不一样，亲情自带着割舍不断的血缘关系和养育之恩，血浓于水，而友情没有。

友情什么都没有，友情却又什么都有。

在写这篇文章的时候，我一直在思考：我心中最好的友情是什么样子的？我使劲儿地回想我经历过的、看过的，但就是找不到答案。我甚至还在网上搜索了网友们的分享，但依然找不到真正好的友情应该是什么样子的。很显然，我没有经历过最好的友情，或许对我来说，最好的友情永远是一种奢望。

我知道你很难过，失去了重要东西的人都是伤痕累累的，但我想告诉你：一个懂得爱别人的人，也一定要懂得爱自己。当你有能力把所有的心思都放在朋友身上时，你也有能力把心思收回来，放在自己身上。

除了朋友之外，你不是一无所有，而是拥有一切。

Hey，觉得自己无所不能的女孩

我每天都会在各个平台上收到很多读者的来信咨询，说实话，他们咨询的问题大都是重复的、没有营养的。我有时会觉得自己的自媒体就像一个垃圾场，一旦走进去，烦恼、痛苦和一地鸡毛扑面而来。但偶尔，也能够捡拾起令人兴奋的小确幸。

比如，有个女孩问了这样一个问题："前些年，我总觉得自己本领很大、无所不能，好像能够拯救世界一样，但正因为这份骄傲，导致我错失了很多的机会。而现在，我弟弟刚大学毕业，有很好的工作机会，他又像原来的我一样，觉得自己能力很强，也错失了很多机会。无论我怎么劝告，他都听不进去，只能眼睁睁地看着他往火坑里面跳。当他真正明白我的一番苦心时，恐怕为时已晚。你说怎么办呢？这就是成长要付出的代价吗？"

我非常喜欢一档节目，它在大众媒体上不断地探讨"死亡""时间""自我""真假"这类很厚重的话题。

这个女孩子的问题之所以让我觉得兴奋和惊喜,让我很有回应的欲望,也是同样的原因——它在讲一个"轮回"或者说"生命"本质的事情。

Hey,这个能从繁杂的生活中找到规律的幸运女孩,我想送你两句不能更普通的话。

一句是,太阳底下无新鲜事。当你读到这句话的时候,不知道你会不会感到悲哀。我是一个从事写作的人,每当我想到的一个选题或者一个观念已经被其他人甚至是几百年前的人写过了,而且写得比我还好的时候,我是悲哀且确幸的。悲哀是因为我进化了这么多年,有了更为丰富的认知体系,竟然还不如几百年前的人,生为所谓的进化过的"现代人",我很抱歉;确幸是因为人和人是相通的,是可以理解的,从历史长河的维度来看,我不孤单,我经历的总有人经历过,不管它有多么难,总能被攻克,生为"后人",我很慰藉。

另一句是,生命就是一场经历。你可以肆无忌惮地按照自己的意愿来度过,它应该是你最自信的资本,在你这里,它有三层意思。

第一层你不能用"得到机会"或者"事业成功"来定义你的成长。你的成长应该有很多维度,有没有爱过一个人,有没有做过勇敢的事,甚至有没有栽种过一棵树……你的成长应该是万花筒,得到机会与否只是生命中一个很小的板块。当你用"得到机会"来定义成功的时候，你认为自己真的做到"懂得"了吗？你认为你弟弟失去了工作机会是往火坑里跳，难道你看不到自己眼前有更大的火坑吗？失去了体验人生丰富性的能力，只关注职位的晋升，想要抓住每一个机会，像吝啬鬼一样对成功寸步不让，很可怕，这不是成长应该付出的代价。

第二层，人生没有"为时已晚"这回事。人生就是一场经历，就像你想去一个旅游景点，十年前去和十年后去，会看到不同的风景，而这些风景没有好坏、优劣之分，早晚并不意味着优劣。你只是比你弟弟早看到了风景，并不意味着你弟弟来时风光不再，也不意味着你看到的比他看到的更美好。

在我心中，"为时已晚"可能是最无用的词语之一。世上没有"为时已晚"，因为没有什么事情值得分秒必争，当你觉得晚的时候，恰恰是最早的时候。

第三层，你永远拥有拯救世界的能力。我知道你听到这句话时可能会笑，会觉得我是在胡扯，但你知道吗？因为你不相信，它就离你而去了；你若相信，在人生几十年的光景中，它会不断赋予你特异功能，让你慢慢变成非常厉害的、连你都不认识的自己。相信自己没有天花板，相信自己的想象力，相信自己的勇敢；不嘲笑自己的白日梦，不嘲笑自己的不自量力，不嘲笑自己的异想天开，在内心给自己留一片自由之地的人，拯救世界算什么？创造世界都有可能！

和你一样,我也是姐姐,看着调皮捣蛋、惹是生非的弟弟一路成长过来,中间有过无数个以过来人的身份劝诫他的时刻,甚至还为此闹得不可开交。后来,也许是因为累了,也许是因为我懂得了,我不再干涉他的人生。我看着他头破血流,看着他强颜欢笑,看着他咬牙坚持,可是,我好高兴啊,现在的他和我完全不一样。

你知道,作为姐姐最可怕的是什么吗?是在你没有孩子的时候,先让你的弟弟成了你的试验品,而你却没有主持大局的能力和资格。

FOR YOU

第二章

每一寸性感，

都是有血有肉的荣光

你要元气满满，也要人间清醒

Hey，主动追求爱情的女孩

我和大多数人一样，是通过综艺节目认识的程女士，虽然她演过影视剧，但我对这张面孔和这个名字完全没有印象。综艺节目中的她太特别了，和其他妻子完全不一样。别的妻子都是被丈夫各种花式宠爱，而她却变着花样儿宠丈夫；她主动求婚，主动买求婚戒指；别的妻子可以穿自己喜欢的衣服，她却严格遵从丈夫的要求，坚决不穿过膝长裙；丈夫的一句"想你了"，就可以让她放下手中的一切，第一时间飞到他身边。看着荧幕上那个"不合时宜"的她，有点儿尴尬，但尴尬的不是她，而是我们这些观众。

不知道从什么时候开始，对于爱情当中"追求"的解读，影视作品和现实生活呈现两极化了。在现实生活中，大家心照不宣地达成一致：女孩子不能太主动，如果约会之后，男孩子不给你发信息就说明他不喜欢你，你就不要联系他了，女孩子似乎天生就该是被宠爱的那一方。而我们喜欢的影视剧却恰恰相反，那些让我们兴奋、感动的爱情几乎都是女生主动追求男生的故事，女生在穷追猛打的过程中，或者霸气外露，"我看上你了，你就是我的了"；或者小心翼翼，用无数个夜晚和白天，像是在一张白纸上作画，慢慢晕染成形。

现实中的"女孩，主动你就输了"；到了影视剧中变成了"女孩，主动你就赢了"。

朋友们都说我是文艺女青年，而我却不愿承认，可是当我写下上面这段话的时候，我承认自己是活在影视作品中的女孩：遇到喜欢的人，我会勇敢追求，不计较所谓的颜面，也不在乎最终的结果，所以在我过往的情感经历中，从来没有过暗恋，也没有过暧昧。喜欢或者讨厌，我会爽快地说出，虽然这样做很多时候会后悔，没有那么理性，但是转念一想：无论是什么原因导致我们分开的，都说明缘分没到。

主动的女孩都是"程女士"，尤其是当你主动的对象是一个你特别爱的人的时候，你会为他卑微到尘埃里，可是这种"卑微"，是幸福的，是妥帖的，是接纳的。

之前听长辈讲过一个非常精辟的观点，他说："如果你想要做职场女性，在外面闯出一片天地来，我支持你；如果你想要辞职回家，做全职太太，以养育子女为业，我也支持你。但我不支持的是，你不知道自己想成为什么样的人，只会盲目地听从别人的安排。

主动的女孩都是"程女士"，但未必都能有程女士的幸福，因为程女士并非人格分裂，而是全然接受自己的"角色认定"。她安安稳稳地持家，一心一意地爱丈夫，哪怕没有事业，没有自己的生活，也能全盘接收。

不过，我担心她上完综艺节目之后会没有之前那么幸福，遭受过多的评价和冲击之后，她能否在内心完成自己的重建，像过去那样完整呢？不知道。有时打开自己是好的，但有时不改变自己，只做适合自己的，才是好的。

很多人认为主动的一方是吃亏的，且不说爱情当中有没有吃亏一说，即便有，主动的在我看来恰恰是占据主导权的一方。不知道大家有没有注意到程女士每次在说到她和丈夫之间的"尴尬"事时，脸上都带着笑。其实她完全可以不说，但她愿意自然而然地把那些事说出来，从这个角度上说，她是特别自信的。在这段感情中，收获更多的似乎是程女士的丈夫，但真正能左右关系的其实是程女士。有人觉得，程女士是因为过于天真，所以才会那么主动，但我觉得"主动"是她的武器，是她主动选择，而不是被动接受的结果。

主动的女孩没有不自信的，就算这一次输了，也有机会赢得下一次的胜利；而被动的女生，可能连机会都没有。

说到这里，我的"尴尬症"又犯了。每次谈论爱情的时候，我都告诉自己：只要是出于爱，所有的形式都可以接受，无论你是主动还是被动，只要适合你的都是好的。

像程女士一样的女孩，你并不奇怪，你的爱情只是无数种爱情中的一种而已，千万不要因为稀缺就向大多数靠拢，你酷着呢。

Hey，问我理想爱情的女孩

最近几年，我被人问到最多的问题是："你理想中的爱情是什么样子的呢？"我答不上来，因为从来没有想过。生活中的我，只会做排除法，有特别不能接受的地方就拒绝，至于喜欢什么样的？不知道。直到最近几天，我连续看了两场电影之后，才突然找到了答案。

一部电影叫作《时尚先锋香奈儿》，它抓住了香奈儿成功的精髓——她对自我与众不同的认知。其中有一个段落特别打动我：香奈儿的第二位情人卡保对当时很不坚定的香奈儿说："你是特别的，你的未来一定会非常闪耀。"当时香奈儿寄居在第一任情人那里，被私藏，也被当作玩偶，在看不到未来的情景下，哪怕她想挣脱出来，也是力不从心，直到卡保的出现，她才真正放手做自己。卡保比她自己都要相信她，相信她的天赋，无私地支持她的反叛，对她的不合时宜拍手称赞。

是卡保让香奈儿成为香奈儿，她对此是非常自知的，她愿意一辈子做他的情人，她为了他一辈子没有结婚，他是她唯一承认的爱过的男人。这是爱情吗？我更愿意将之视为知遇之恩。有个人打开了你天赋的阀门，让你看到在自己内心深处汹涌的力量，这种可遇而不可求的相知比相爱更美好。

在电影结束的时候，我脑海中蹦出了"理想爱情"这四个字。理想的爱情，如果只有一个因素，那就是有个人闯入你的生命中，帮你确认自己，让你成为自己。一个人在世间行走，难免不够坚定；一个人在世间观望，难免看不清、看不懂自己。你需要有一个旁边者，在你看不清自己的时候对你说"你在这里"；在你看不懂自己的时候，对你说"你就是特别的，坚持就好了"。知遇，就是我所憧憬的理想爱情。

后来，我阴差阳错地又看了一部电影《两小无猜》，它最打动我的一点和《时尚先锋香奈儿》类似：每当男主角朱利安不做自己时，女主角苏菲就会站出来提醒他要倾听内心的声音。朱利安不想承认自己喜欢苏菲时，苏菲就直接撕破游戏的外壳，让他看清真实的关系；朱利安为了让父亲高兴，选择娶一个自己不爱的女人，苏菲就大闹婚礼；朱利安选择结婚、生子、从事不喜欢的工作时，苏菲就和他来个十年之约，让他始终矛盾、痛苦。

这部电影特别把"做自己"和"不承认自己"都放大到了极致，里面最经典的游戏是"敢不敢"，每一次打赌的背后，其实都是在问"你敢不敢做自己"。苏菲一直在做自己,她从未泯灭自己的天性,她知道自己在做什么;而朱利安自从母亲去世之后,身上肩负了太多的重担,渐渐地放弃了做舒服的自己,开始过起了看上去很正常,其实非常痛苦的生活。两个人都是很特别的人,一个承认自己的特别,另一个故意躲避,可是怎么能躲避得了呢,到头来还不是无法忍受。

卡夫卡说:"我觉得这个世界上没有一件比和你永远地、不被打扰地在一起更幸福的事,虽然我感觉这个世界上没有这样一个地方。我希望有一座坟墓,又窄又深的坟墓,在那里我们紧紧拥抱,把头藏进对方的臂膀中,然后不会有人再见到我们。"

世间最令人着迷的事情就是懂得,可是更令人神往的是在你不懂自己的时候,有人不仅懂你,还引导你去发现和认识模糊的那个自己。

我知道这非常难,非常理想,非常稀有,可是它存在。也许理想本身就不是用来实现的,而是用来靠近的,就像挂在天边的月亮,你寻着月光走,总能感受到欣喜。

Hey，没有去过天文馆的女孩

今年我鬼使神差地和同一个人在夏天去了海洋馆，在秋天去了天文馆。这两个地方，从来都不在我的游玩清单之内。当我告诉闺蜜"我要和某人去天文馆"时，她给我的回答很直爽："谁这么有意思，带你去这种地方啊？"但人生就是充满了临时的惊喜，这两个地方我去对了。

海洋馆填补了一些我关于童真的梦。在海底隧道里，看着五彩斑斓的鱼在头顶欢快地游来游去，就想搬个小马扎坐下，回忆起小时候在夏天找个树荫，坐在躺椅上，一坐就是一个下午；水母无光，透明得有些恐怖，但它很轻、很缠绵，像夏日里，情人陪在身边，在大北京的马路牙子上蹲着吃雪糕；看"美人鱼"表演，明知道那是表演的，还是会进入角色，问身边人："小时候的你想要去解救她吗？"他一愣："傻不傻？"涌上心头的暖意瞬间就化开了。

而天文馆填补了一些我关于遥远的梦。自从会背"姐姐，今夜我在德令哈"之后，每隔一段时间，就想去大草原看星空，但一直没有机会。天文馆肯定是"啃"不够的，只要"尝"一下就好了。

坐在4D的帷幕下，被璀璨的星空包围，仰着脖子看根本不知道名字的或明或暗的星体，兴奋地对朋友说："你看，那个像不像一个风筝？这个好像一只猪啊，哈哈哈哈！"当看到自己的星座所对应的星辰时，想把每一颗星星都记住，虽然不知道有什么用，但就是觉得它们维系着我的命运；人人都说看过宇宙之后，会觉得自己渺小，当我坐在那里，看着头顶上的星空的时候，我在想：我要是哪一天特别难过，就买张票进来看星空。不是因为觉得自己渺小，眼前的事情都不是事，而是在星空面前，我会觉得自己很强大，会平添很多生活的勇气。苍穹之下，你一个人屹立着，很够抵御生活的磨难。

但是，没有去过天文馆的女孩，填补这些梦，并不是我劝你去的理由。梦总归是虚无缥缈的，如果你想要"学成归来有所用"，我告诉你：它可以的，那是一个"审判"你有多无知的地方。

这两个地方，基本上都是孩子的世界，无论你什么时候去，都能遇到叽叽喳喳的孩子。我最喜欢站在某个展示品的前面，静静地待上几分钟，听孩子的父母给孩子讲解，非常有意思。有的

049

父母只会告诉孩子标签上的字怎么读,哪怕孩子根本不明白,也不多作解释;有的父母拉着孩子到处拍照,无论背景多么突兀,只要是和科学知识有关的就都拍下来;有的父母似懂非懂地给孩子比画,我在旁边听着都乐。

我问一个老同学:"你想过没有,如果有一天带着孩子来看展,你会怎么给孩子讲解?"他说:"我会提前一周做好功课,不然什么都不知道,孩子会看不起我。"他说的话,我懂。我们两个都是研究生毕业,从事着很多人羡慕的工作,看似很有能力,但是进了天文馆,他问我:"流星是怎么一回事来着?你说,这个星宿为什么叫这个名字?"我们俩都答不上来。更尴尬的是,一起看帷幕星空电影,我们两个说的词只有"太美了""好酷",除此之外,一句话都说不上来。

我猜,有一天,他带着自己的孩子来,一定和大多数父母一样,带着孩子随意逛,说些自己也没有底气的话。一个每天忙于工作的人,很难真有精力和时间为了孩子提前准备功课。我也一样。其实,那些知识都是非常浅显的,初中的地理课本上就能了解到,只不过那个时候为了考试,草草记下来,之后的很多年里也用不上,就渐渐地忘掉了。

那成年人应该如何带着孩子去看展呢?我从一位导游那里找到了答案。他给孩子讲天狼星:"天狼星啊,就像是你们班里面脾气非常坏的学生,他的脾气有多坏呢?你们知道2018年9月在我国登陆的台风'山竹'吗……"讲完"山竹"的威力，又讲了天狼星与地球的距离，等等。我听得津津有味，不想走开，小孩子们则昂着头，或是回答导游的问题，或是若有所思。

我很喜欢这位导游给孩子讲解的风格。孩子需要的未必是真正的知识，因为以后会有老师和课本教给他，我们做父母的或者做哥哥姐姐的，可以满足他的只有一样东西，那就是丰富的好奇心，让他不觉得天空无聊，不觉得海洋无趣。

当你和他讲流星、陨石、多宝鱼、企鹅的时候，你可以告诉他你什么时候看过一场什么样的流星雨；可以和他说陨石就像他在街边玩石子的游戏；可以和他讲你哪天在某个新闻上看到过一条形状更奇怪的鱼；可以和他讲你想要去南极看企鹅的梦想……重要的是，你在和他说有温度的故事，你在和他分享你的心情，你和他有话可说。

然而，即便是我和我的老同学这样的有点墨水的人，在天文馆也只能目光呆滞地去展柜上"认字"，不知道该聊些什么。不是不想聊，而是没有相关的知识储备，或者说没有提前做功课。

天文馆对成年人的"审判"就是：你要么有智，要么有趣，否则你不应该走进去。

Hey，想后退一步的女孩

我和你是在健身房认识的，那天我们相约吃饭，在聊了美食、娱乐八卦和情感话题之后，你话锋一转，突然问了我一个很奇怪的问题："咱们这样的普通人，智商不高，情商也不高，是应该奔向遥遥无期的远方呢，还是后退一步，去追求不用活得那么累的生活呢？"我好奇地问你："你为什么会突然聊起这个话题？"你说，每次来健身房之前，都要做很长时间的思想建设："我需要这么努力地健身吗？我这样，不胖不瘦，不也挺好的吗？"

我懂你的这种感受，我也时常陷入这样的焦虑之中。胖的时候，去健身房的目标很明确——要减掉身上的赘肉，可是当真正瘦了下来时，就没有具体的目标了。虽然知道维持现状也是很难的，但相对于减重而言，它的确引发不了你的兴趣。只不过，即便如此，每一次的思想建设我都会很好地完成，逼着自己一次次无精打采地走进健身房，再精神焕发地走出健身房。

到现在我也不知道这样坚持下去到底有什么意义，又会有怎样的效果，但坚持锻炼身体本就是一件很美好的事情，何乐而不为呢？

人生也是如此。很多时候，你并不知道咬牙坚持下去会成功，还是会失败，但生而为人的那一口气，总是支撑着你往前走一步，再走一步。你问我的问题是一个选择题：咱们是要向前，还是可以后退一步？亲爱的，你觉得我们的人生真的有选择吗？你根本做不到后退，因为后退比向前更痛苦。

试想一下，当你的同事都在加班赶工的时候，你按照正常的下班时间回到家之后，你的心情真的是放松的吗？在家里觉得自己不团结协作的心情，好过在单位加班的心情吗？有没有那么一刻想对自己说："要是我再努力一下，是不是就可以有更多的选择？"人生似乎可以有无数次选择，但这些选择都只基于一点：变成更好的自己！往前走，往后没得走。

印度有一部电影《厕所英雄》，我很喜欢它并不是它有多么宏大的社会题材，而是因为它很好地诠释了"往前走难"，还是"往后退难"的选择。

女主角想要在自己家里有一间厕所，男主角最开始给她的选择都是"往后退"，通过不同的方式告诉她，家里没必要建造一间厕所。其他的女人都是在路边的草堆里面解决，她也可以；草堆不行的话,她可以去隔壁老奶奶家解决,老奶奶瘫痪在床,反正吃喝拉撒都在一个屋子里;老奶奶家不行的话,她可以用火车上的厕所,反正每天都有火车从家门口经过。

男主角给了女主角好多个选择,但所有的选择都是"往后退"的,女主基于对男主的爱,也相应地一步步后退着。两个人都以为后退、向没有厕所妥协也是可以的,直到一天女主又去火车上上厕所的时候,因为堆积的杂物太多,导致厕所门打不开,她被关在里面,火车开动,她下不来了。那一刻,她知道自己不能再往后退了,这样一直后退是没有尽头的。

于是,她开始"往前走"。"往前走"同样很艰难,受当地风俗文化的影响,村民完全不能接受厕所的存在:男主费尽心思给她建了厕所,被村民捣毁了;她用离婚作为筹码来唤醒民智,因为在这个村子里面,已经有几百年没有人离过婚了;建厕所而引发的离婚事件此时已不仅仅是这个村子的事情了,整个省,甚至国家某部委都被动员起来了。一间"厕所"牵动了整个国家,这"往前走"比"往后走"要难得太多太多,可是,"往前走"是对的,不管多难,不管要多久,那间"厕所"终于到来了。

这是一部根据真人真事改编的电影,每次回看,都给我很大的力量。在生活中,有太多的时刻,我们想往后退、想妥协,可是妥协真的没用,而且更痛苦。现在回想起来,我人生中最痛苦的一段时间就是在考研的第二年,我是要继续往前走,考北大，还是接受自己只是一个成绩平平的学生，考一所相对容易的大学呢？那段时间，我每天不停地问自己这个问题，也问身边的朋友，他们给我的答案五花八门。总之，我做什么决定，他们都支持，根本没有提供建设性的建议。也许是因为不服输，我还是毅然决然地选择了考北大，虽然最后没有考上，但我一点儿也不后悔。

其实，我觉得自己是可以考上北大的，之所以未能得偿所愿，是因为我在犹豫和纠结上面花费了太多的时间和精力。就像你问我的问题，到底是因为我们普通，才会去想往前走还是往后退的问题呢？还是因为我们把时间消耗在了往前走或往后退的状态中，才变成了普通人呢？如果一个人根本没有想过退路，就一门心思地往前冲，是不是比我们要过得简单，而且成功的概率更大呢？我想，考研那段时间如果我内心再坚定一些，也许结果真的就不一样了。

女孩，我知道你是偏向于往后退的，但我想告诉你，向前或许是遥遥无期的，但也可以没那么累；而既想往后退又想活得没那么累，才一定是遥遥无期的。

和你聊完天之后的某一天，我去游泳时，教练建议我学习深潜，那一刻，我出于本能地回复他："我不要，我宁愿往天上飞，飞多高都行，也不愿意往下游、往下潜。"

是啊，往前走，往上飞，其实是一种生而为人的本能。

Hey，经常发火的女孩

在写下这几个字前的几分钟里，我刚刚发了一次火。我昨晚在某网购平台上买了一些蔬菜，预定今天早上9：00—10：00送达。家里没菜了，我等着它到了做菜吃饭，然后去上班。10：30左右，我突然接到客服的电话，他们告诉我，因为配送站点临时检查，今天的商品没办法配送了，得到明天。我说，那就明天吧。对方又说不可以，因为订单24小时之后会自动取消。听到这里，我非常生气地挂了电话。

我非常频繁地使用这家网购平台，还为此办了会员，但自从成为会员之后，购买10次商品，至少有7次无法配送或者延迟送达。这样的状况，的确会打扰我正常的生活安排；而我无法忍受不按照规则来办事的人，他们说哪个时间段送到就应该送到，送不到也应该提前和我说，而不是不说或者推后说。如果明明有规则，却不去遵守，那无异于把别人当傻瓜，觉得别人好应付。

回想这一周内，我上一次发火是周末去健身房上课时。在健身房我办了两张卡，每张卡可以上三次私教课。第一节私教课，我提前一天预约好了，教练却在当天告诉我她要去看演唱会，要求我改时间。我其他时间真不合适，她才勉强答应给我换一个教练。第二节私教课，教练告诉我，他是高级私教，只能上一次课。第三次私教课给我换成了普通私教，非但教学没有耐心，水平也很低，还告诉我一个更坏的消息：我办的两张卡只能用一张，原因是当初卖卡的客服没说清楚。什么？没说清楚，那我退卡行吗？不行，我只能转给他人使用，可以转，但不可以送。

正当我拉下脸来，想要和他们吵一架时，和我同去的闺蜜比我早说了一句："那好吧！"遭遇了这种痛苦的体验不说，还被坑了，那好吧？等我们一起走出健身房，我问闺蜜："你难道一点儿都不生气吗？"她很平静地说："不然呢，就算跟他们吵一架，他们不该退的卡还是不退。"我听着她平静的语气，愤怒又无语。

我非常后悔当时在她说出那句"那好吧"之后，没有继续把我的愤怒和特别不好的体验告诉店长，他们可以不退给我钱，但是他们必须知道自己在做些什么。如果我们容忍他们这么做，就是我们把自己当傻瓜。

从小，我们就被父母和老师教导要成为一个得体的、彬彬有礼的人，可是面对不守规则的人忍气吞声，不但不得体，而且会让整个社会不再井然有序。当一个人不表达、不愤怒的时候，会发生什么呢？

我想，那家网购平台的客服会再打来一个电话，客客气气地对我说："不好意思，还得麻烦你退一下款。"还厚颜无耻地说，"如果你方便的话，记得给我的服务打分哦。"在他眼里，委曲求全、以近乎祈求的态度与顾客说话，就是好态度。不好意思，我就认为客服是解决问题的，不是传递问题的，一个客服的态度再好，但目的不是解决问题，就没有存在的价值。

健身房的客服在我到家的那一刻发来信息："您之后会继续来健身房吗？需要定制的长期服务吗？"看到这条信息，我笑了，太荒诞了。一个大家都心知肚明的、体验非常差的过程，还想要一个更进一步合作的结果？不是自己不自知，就是觉得别人没脑子。

我从小就是一个暴脾气的人，我妈有时候会说："没关系，等你长大之后，会有更多糟心的事情，那时你就不生气了。"长大之后，我依然暴脾气，朋友有时会说风凉话："你要是有钱了，就不会遇到这么多糟心的事情了。"我遇到了更多的糟心事，但我依然愤怒；我比之前有钱了，依然会遇到很多糟心的事。

长大和有钱，并不能让你少遇到糟心的事，反而会遇到更多糟心的事。

我依然会愤怒，会为规则而愤怒。我不知道愤怒到底有多大的力量，但我知道以后再遇到这种事情，我一定做一个"难搞"的人，把这些不合理的事情都告诉对方，即便看起来很可笑，但愤怒本身就是一种力量，其他的都是附加值；我不知道愤怒有多大的力量，但我知道，因为我一直为不守规则愤怒，就会成为一个一直守规则的人，起码是时刻谨记规则的人。

规则是现代文明社会非常重要的元素，今天破坏了规则，明天就可能受到破坏规则的苦。日常生活看似风平浪静，但总有这些不开心的事情夹杂其中，这就是所谓的五味杂陈的真相吧。

我喜欢北京，很重要的一点就是很多东西都有规则，公交车基本都很准时；地铁突发故障会及时通知乘客；去什么地方都要自觉排队……正是这些程式化的东西，让你觉得安心，想在这个城市生活下去，这是一个现代化城市的底线，也是一个身为现代人的底线。

Hey，想要成为作家的女孩

在外行人的想象中，写作是一件特别酷的事，一支笔，一台电脑就是全世界。有时候我也这样想，比如看《欲望都市》时，看到作为杂志专栏作家的凯莉趴在床上，或者沙发上，点着一根烟，手边是一杯酒，整个房间里面只有自己的时候，是蛮酷、蛮爽的。但实话实说，写作对于我来说，一点儿也不酷，有时写稿到深夜，想要喝一杯红酒，还会因为担心热量过高而作罢。

我经常听到身边的朋友、亲戚或者读者说，他们也想写作，也想要成为作家。但几年过去了，还在这条路上的人寥寥无几。怎么说呢？很可能是它太难、太枯燥了，虽然它确实很美，但是那种美很多人还没有机会感受到，就放弃了。仔细想想，这些年支撑我写下来的，也不过四个字：自救、安顿。

写作于我而言是一种自救方式。我常常把日常生活比喻为海洋，每个人都在里面挣扎着，想要游的姿态好看一些，而我不让自己沉入水底，且能够偶尔浮出水面大口呼吸的方式就是写作。

当身边的人都快速奔跑，眼里只有目标和终点站的时候，我通过写作让自己慢下来，看看沿途的花草、流水和落日；当身边的人逐渐不想拥有悲伤和痛苦，只想要快乐和幸福时，我通过写作来积蓄悲伤、储藏痛苦，因为没有这些，快乐也就无从谈起；当别人说"你不行，你是个失败者"的时候，我通过写作确认"我有那么大的能量，别人只是没看到而已"……如果没有写作，可能我生理上的年龄是28岁，而心理上的年龄是38岁，不自救的人，真的老得很快。

写作于我而言还是一种安顿。周国平说："写作从来就不是为了影响世界，而只是为了安顿自己。"对我来说，亦如是。

我必须写，因为我内心有千军万马在奔腾；因为内心有一片草原，每一颗小草都摇曳着露水；因为我有一万零一张脸，每幅面孔都值得被看到和记录。

你知道吗？痛苦是有层次的，有的痛苦会让你哭几分钟，有的痛苦会让你哭好几年，有的痛苦则能让你在心里哭一辈子。你知道吗？"抱歉"和"对不起"是有区别的。你知道吗？当你说爱一个人的时候，包含了太多的情感，有对相遇的感恩，有对差异的包容，也有对孤独的体谅。

这些也许你都知道，但是这些东西太多太多，也太小太小，小到你只是转念一想，只是一秒之差，是写作者、创作者让这些微小的东西能被看到、被记住。

我是一个聒噪的人,内心住着一片浩瀚,没有写作,就会被自己吵死。因为写作,我才有了正常的呼吸,正常的生存,正常的爱和喜悦。

可是,我也深知,写作给予了多少东西,就会夺走多少东西,是等价交换,是平衡的。

如果你想要写作,就必须尊重自己,也就意味着你必须做自己。如果你的所有观念都是老师、父母、社会教给你的,那你就是社会机器上重要的一环,只是一个工具而已,不是你自己。

尊重自己,意味着尊重自己的情绪,不管是阴暗面、不成熟,还是骄傲、自大;尊重自己,意味着说真话,说自己想说的话,而不是说别人爱听的,或者你觉得漂亮的话;尊重自己意味着你相信自己是一个独特的人,哪怕人群将你淹没,你也能伸出一只手,让大家看到你的特别;尊重自己,意味着你要有自己的生活方式。换句话说,你的生活方式很重要,作品会反映你的生活方式。如果缺乏生活体验,你凭什么写出生动的作品?

多问几句"凭什么"?你也就在回答的路上,一步步成为你自己了。写作不是写字,写作是写人,是背后大写的人。

如果你想要写作,就必须有很强的毅力。写作是一件靠自律才能发现美感的事,同时也是一件非常"当下"的事。

写作是和自律相伴而行的,是有联动效应的。保持一定的写作频率，才会有有如神助的灵感和手感；保持一定的写作频率，才会有饥饿感，才会想要尝尽世界更好的能量；保持一定的写作频率，写作才能救赎你和安顿你。若偶尔行之，那就当作是游戏吧，别期望它能给予你多少。

说它"当下"是因为在你没有足够的功力时，需要"想表达"来刺激你，如果你在想表达时放弃了，那这团火就熄灭了，只能等待着下一次被点燃；如果下一次点燃时，你就放弃了，那这团火一次次地被熄灭后就更难被点燃了。你想表达就去表达，"助长"内心的火焰，才能让它越燃越烈。

越写越觉得写作是一个非常神奇的、充满奥妙的世界，也是一场漫长的修行，每前进一步，看到的风景都不一样。所以，女孩，如果你是真心喜欢写作，那就去写，去坚持；如果不是出于兴趣，我劝你当作消遣，开心就好了。

祝你写作快乐，祝你取得真经。

Hey，扮冷扮酷的女孩

最近看了一本特别有趣的书《我遇见了人类》，讲的是一个外星人来地球毁灭人类时发现的关于数学的秘密。没想到的是，它非但没有毁灭地球上的秘密，反而被人类同化了，放弃了作为外星人的优势，努力成为人类中普通的一员。这个故事很简单，但萦绕在整本书当中的爱和温暖，让我感动不已。

这个外星人有过一个观察："当你凝视着人类的脸庞时，你会明白来到人世间是何等幸运。在我妻子的家族里，在她之前，应该有150000代人，这还只包括人类，不算猿猴。150000代人越往后交配的比例越低，生孩子的比例也随之呈下降的走势。每一代人出生的概率仅为千万亿分之一乘另外一个千万亿分之一。"看到这里，我的泪水直接就流下来了，世间两个人相遇本身就是太难太难的事情了，如果还能相爱，那就是得到了整个宇宙的祝福。

如同我听到过的关于相遇最好的一段话是:"在你到来之前,我迎接过阴风、海啸、惊雷、山鬼,以及来自心底一阵一阵的暗戾。我以天地为不屑,以尘间为嗤鼻,自诩无羁无绊,图个潇洒肆意。唯独没料到,你一入眼,我便乱了阵脚,不能自已。"让我乱了阵脚的,不是你,而是爱。

《我遇见了人类》这本书的作者是马特·海格,一个有很多年病史的患者。他写这本书的初衷是"如果能让一颗心免于破碎,就不算虚度此生"。我想他不但做到了,而且在这个故事里面,他自己一定在某种程度上获得治愈了,当他说出"爱是弥补人类无法永生的产物"时,他一定和自己、和世界和解了。

也许真的是到了一定的年龄,现在看到相遇、相爱这种温情的画面,都会觉得心里很暖。那晚回家的路上,前面一对情侣牵着手慢慢地走,平平静静地说话,安安稳稳地走路,我默默地看了很久,这在之前是不可能的,我会像一阵风一样从他们身边走过,一个眼神都不给。

就像我之前写的文章一样,无论是编辑还是读者,他们给我的评价都是一针见血,有一段时间,我挺为这个评价感到高兴的,说明我眼光毒辣,说话不藏着掖着。但是现在,一针见血并不是我想要的,温柔才是,爱才是。这是有关底色的事情。在很多年里,我的底色是冰冷的,所以我可以冷眼旁观,觉得其他人的事情和我无关,甚至认为可以随意指指点点;而现在,我的底色是暖的,是共情的,是有同理心的,是我知道你很难,而我也曾经难过。

动漫《夏目友人帐》讲的是一个少年和一群妖怪的故事。有一阵子我迷上了这部动漫,并在下班的路上讲给同事们听。我说:"你们知道吗?世间很多事情,你相信它,它就存在;不相信,就不存在;如果最后一个相信的人也去世了,它也就消失了。"我一本正经地说,他们装模作样地听,最后问了我一句:"你现在怎么越来越幼稚了?"不,亲爱的,这是对生灵有感知,是开始共情地发散。

我一直觉得温柔和爱是一种能力,是一种需要修行的功课。它们不是与生俱来的,也不是你说话柔声细语,会照顾别人就一定有这种能力。温柔和爱不是软弱,反而是强大的。

冯唐说:"我固执地认为女生是高于男生的物种,任何女生在不自觉的时候,都充满了神性。珍惜这些柔软,它们比山川和诗歌更加古老,更加有力量。"

是的,温柔和爱是一种神性,是像汪曾祺一样,在讲他故乡的鸭蛋、萝卜条和鳜鱼时,都仿佛抱着一个孩子,生怕孩子的一声哭泣,自己就伤透了心。

在过去的很多年里,我追求的是冷酷,因为我不相信爱,不欣赏温柔,不理解亲密关系,不寄希望于别人……而现在,我想说,不要总想着扮冷扮酷,真正宝贵的是温暖的东西。

Hey，寻求建议的女孩

人在不知所措的时候，总觉得别人的建议是神药，可以包治百病，唯独忘记了自己才是病人，才真正知道哪里疼痛。

我也一样。我的上一段感情千疮百孔的原因，除了我自己不坚定之外，就是被太多的声音、太多的建议包围了，比之前任何一段感情都多，最有影响力的声音就来源于我的闺蜜。

我和他吵架了，向她诉说，她说他根本就不适合我；他做了某件我觉得不合适的事，问她的看法时，她会说他这是不爱我；和她分享我和他的快乐时，她会说幼稚。现在想来，在她那儿得到的都是负面评价，但在"当下"，下意识地、不自觉地，我还是把她说的都听进去了，我和他分手了。

当然，分手的原因有很多，但不得不承认她的话起了很大的作用。虽然我是一个很少能听进别人的意见的、一意孤行的人，可也避免不了有些话听多了就不由自主地支配着你。在分手那个阶段，我完全没有意识到这个问题，直到很久之后我和她闲聊时，才发现我没发现的东西。

我曾把他发给我的一些很甜蜜的信息保存，某一天，我和闺蜜聊起"听到过最甜蜜的情话是什么"这个话题时，我把一张截图发给了她，大致的内容是：我问他有没有想我？他回复："怎么说呢？我原以为自己知识量很广，但比非常想你还想你的话，死活找不到词语表达。"嗯，这在我心里特别甜，原因在于他是一个非常话少且酷的人，冷不丁地说出这样的话就会让人觉得特别惊喜。而在这时，闺蜜给我的反馈是："如果我男朋友对我说这些话，那我就一定会和他闹矛盾。"

突然间，我懂了——我们的感情观完全不一样，我喜欢非常酷的感情，而她喜欢非常甜的感情。她不认为我前男友说的情话很甜，而且觉得他的那些表现都是有问题的。

怎么说呢？一瞬间有一种自己非常傻的感觉。如果你明明知道两个人的感情观不一样，为什么还要寻求她对你的感情建议呢？我们认识好几年了，我知道她是一个非常真诚而温柔的人，我们在工作和生活上是非常亲密的伙伴。我潜意识里觉得：我们是非常相似的，应该彼此信任，可恰恰忽略了我们在某些方面的审美或者观点是背道而驰的。

我并不是说闺蜜左右了我的爱情，没有她的存在，该分手我们还是会分手。但这件事给我最大的感触就是：我找了一个和我感情观不同的人去谈论我的感情而不自知，这是很可怕的；而且我们感情观不同，我们俩却都没有发现。

从意识到这一点开始，遇到感情方面的困惑，我基本上都不会和她讲了，而且基本上也不太和其他人讲了。因为你是局内人，你最清楚可以自己做决定，只要后果自负就好。很多人说："你要去请教别人的建议，他们是局外人，看得更清楚。"亲爱的，他们是局外人，他们连"局"都吃得不透，怎么可能看清楚？

很多人给我写信、留言，我很少回复。因为我无法通过他们传达的几句简短的话，就给他们指点迷津。

昨晚，有个女孩问我关于是否坚持考公务员的问题，我回复："你自己是可以想明白的，如果到了大学毕业的年龄，你还想不明白，还不能为自己的选择负责，那太遗憾了。"

今天有个女孩问我关于和朋友相处的问题，我回复："过几天再来看你的这段留言，你会觉得有些可笑。"

不是我不推心置腹地回复，而是我觉得人生的任何问题，自己都可以想明白，而且必须是自己想明白。作为我的闺蜜，她给我的建议都是基于她的情感观，反而让我的选择受了一些影响，更何况，我不是你们的闺蜜，并不知道你们是怎么想的，也不知道你们现在的处境是怎样的，那我所有的回答都是没有依据的，都是不合适的。既然无效，为什么要回答呢？

人生当然是需要寻求建议的，但这些都必须是客观的时刻，是你不知道该坐地铁还是坐公交；是你不知道吃完蛋糕还能不能喝茶；是你不知道下一步的工作安排是怎么样的；是你不知道该选择怎样的健身房……为了解决这些客观存在的问题，寻求建议是有效的，因为他们给你的回答也是客观的。这个时候，寻求建议就成了一种社交。

但如果遇到主观的问题，比如读完大学是否要读硕士；要不要嫁给一个我爱的但不爱我的人；要不要找一份安稳的工作……凡是主观的问题，都由自己去解决。

惠特曼说："你的内心一片浩瀚，那里住着无数个你。"是的，这无数个你，足够帮你看清不同的侧面、不同的维度，也一定可以帮你做出最适合的决定，当然未必是最正确的，可是世上哪有真正正确的决定？我们纠结、焦虑的一生，也不过希望每个决定都适合自己而已。

Hey，想辞职创业的女孩

近两年，我身边突然出现了很多创业者。其中，有些人创业我一点儿也不意外，但也有很大一部分人创业让我觉得不可思议。一个勤勤恳恳的上班族，好像摇身一变，就成了看起来还蛮成功的创业者。惊讶和不可思议的次数多了，我才了然：是我太把创业当作一件特殊的事了。

这几天，好朋友来找我聊创业的事情，无外乎就是创业前的心理准备，万一失败了怎么办？万一离职了，发现自己完全没有创业能力怎么办？我听完她所有的纠结和犹豫之后，说了一句看似是对她说，但其实是对我自己说的话："失败就失败，年轻有什么好失去的；万一失败了，就继续找个公司上班养活自己呗。"

我支持所有有创业想法的人，无论看起来有多么荒谬和不成熟。我们都知道人生就是一场经历，我们愿意去经历不一样的生活状态，不一样的情感关系，为什么就不能去经历不一样的职场关系？一辈子都做员工，无论你换多少个领域和岗位，依旧是在别人设置的框架下发展，为什么我们就不能拥有不一样的职场状态呢？

2017年，我遇到了一次小型的"职场危机"——被一个在非工作场合认识的朋友栽赃了。那天下午，我哭着给好朋友打电话，滔滔不绝地讲我的委屈和不甘，脑海中所有的解决方案都是如何向领导解释，证明自己的清白，直到电话那头的好朋友说了一句话，完全打消了我想要证明自己的念头。他说："你知道为什么这件事情同时发生在你我身上，差别为什么会这么大吗？因为我是自由职业者，而你只要在公司工作，就永远会面临这种问题，就免不了被领导约束。"

2018年的某一天，我接到一个老师的邀请，让我去帮他做一场活动，当时我的时间很充足，就很自然地答应了。没想到第二天我的领导突然就安排了很多工作，虽然需要我做的并不多，但是在全公司都在忙自己本职工作的时候，我肯定不能再去外面帮别人做活动了。于是，我非常歉疚地向那位老师解释，因为我知道这会给他带来大麻烦，毕竟他那边也时间紧迫，一天都耽误不得。在我非常抱歉地说完缘由之后，那位老师说了一句特别扎心的话："我理解你，但我也想告诉你：你越强大，就越自由。"

这句话被我打印下来，贴在了写字台上。我知道，从2017年朋友给我说那句话开始，创业的种子就已经在我的心里种下了，再发酵一年,就该生根发芽了。虽然前面那两件事看起来都是和公司的领导有关,但这只是表面,深层次的是你心甘情愿地受制于人,心甘情愿地限制自己。我不会小瞧一辈子都在单位上班的人,因为每个人的追求和想要的生活状态都不一样,像我这种已经有了创业之梦的人,就真的忍受不了,如果此刻在忍,那么也一定是在等待时机。

我很希望每个人都有自己小小的创业机会,或者是开一家奶茶店,或者在街边摆摊,或者成立一个培训机构,不在大小,而在于你真正开始自负盈亏,开始为自己的职业全身心地投入。职场是有"拐杖"的,带得久了,就要时刻有人扶着才能走路,等你出来自己做之后才会发现:没有拐杖的你,不但走路带风,而且还能奔跑。

想对所有像我一样打算创业的人说:"你是否选择创业,不应该是由它的困难与否决定的,而在于你是否想要拥有不一样的职场生活。如果想,就去做,所有的人都输得起。"

Hey，和朋友拼床的女孩

工作之后，每到搬家的时候，我都会从同事那里听到一句话："我不是租单间，我是和朋友（同学）一起住，两个人住一个房间，一张床。"问她们原因，基本上都是说"便宜"。这个时候，我就觉得特别不可思议，我们的收入不低，为什么非要在房租上面这么节约呢？按理说，选择怎么住，选择和谁住，都是个人的选择，别人没有发言权，只是每当听到这句话时，我总会想一个问题：为什么我完全不能接受毕业之后再和别人一起住？

我想，最重要的原因就是，我是一个特别想拥有个人空间的人。哪怕租不起一整套房子，也要租一个单间，这会是你在偌大的城市里唯一拥有的自由之地。没有其他人，只有你自己。你可以随意安排自己的日常起居，可以按照心情懒床，可以熬夜看剧，可以早起读书，可以选择自己喜欢的床单，可以独自在家里喝个痛快。我不能接受有另一个人时刻在我身边，而且还要睡在同一张床上,近得可以感受到她的呼吸。无论她和我的关系有多好,我都不能接受,更不要说随便和一个找房子才认识的人了。

还有一个原因,我意识到自从我走向社会开始,就真真正正成长为一个大人了。如果你和同学住在同一个房间,其实意味着你心里是有伙伴的,无论发生任何事情,回到家,总会有一个人在那里。可现实的情况是无论发生什么,你只能依靠自己,即便你身边有人,对方也未必能帮你。那个和别人一起住的同事,基本上没有社交,下班早早回家和室友做饭,周末一起在家里看剧或者出去逛街,整个社交圈子都被她的室友占据了。然而,当你一个人住的时候,会想尽办法丰富自己的生活,甚至逼迫自己去做各种尝试,开始真正属于你自己的生活。

很多人都觉得在大城市里有个伴挺好的,但是要记住,这种表面的陪伴,未必是真正的陪伴。

有一次,我突然接到一个临时的活动通知,需要去距离会场最近的同事家里换衣服。进门后,我看到10平方米左右的房间里,两床叠得整齐的被子铺在床上,其他地方被杂物和衣服堆积着,于是冷不丁地问了她一个问题:"你在哪张桌子上看书啊?"她尴尬地反问道:"为什么要看书啊?"我知道那是她下意识的反应,而那个问题也是我下意识地问出来的,并无恶意。但是不知道为什么,两三年过去了,这个情景还会在我脑海中时不时地浮现:我永远都不想过那种"连一张看书的桌子"都没有的生活。

那些和别人睡同一张床的女孩子是真的穷吗？是真的付不起租金吗？我想不是的，尤其是对我身边的同事而言。她们之所以能够接受这种居住方式，从本质上来说，其实是对某种生活方式的认同，她们宁愿把钱用在和朋友聚餐、买漂亮衣服上，也绝不会把钱用在提高居住条件上。

出门玩，哪怕我的预算再少，也会在力所能及的范围内住较好的酒店。很多的朋友对这一点都不理解："你住一个晚上，都赶上我一个月的房租了？"可是亲爱的，不是这样衡量的，这两个并不能比较，甚至这种思维方式都不应该存在。

工作之后，我有两个非常重要的感受。

一个是你的消费方式在塑造着你。当你花钱去吃喝玩乐的时候，很多人在上各种各样的课，没有高低之分，但长此以往会区分开这个人和那个人。因为花钱和花时间是一样的，在哪个地方用得多，哪里效果就会明显。

另一个感受就是下班之后的生活，在很大程度上决定了你是谁。下班之后回家继续学习，还是和朋友一起聊天；有一份可以在家做的副业，还是认为家就是一个睡觉的地方。这点点滴滴，都会左右你的人生走向。

所以，亲爱的女孩，在你的经济条件允许的情况下，我真诚地希望你一个人住。一个人去完成对自己、对生活的探索和设计，多一点点钱，就能买来自由，这笔买卖简直太划算了。

FOR YOU

第三章

别担心，

沉闷的日子会有风

你要元气满满，也要人间清醒

Hey,太用力奔跑的女孩

2020年年底,我在深圳见了一个在银行工作了十几年的朋友,她给我介绍了自己去年的基金收入情况,然后非常坚定地告诉我:"如果你拿出一部分钱投放到基金里,以后很可能会有不错的收益。"说完她就教我如何操作基金定投,并把自己非常信任的两支推荐给我。分开的时候,她说了一句让我特别触动的话:"把钱投放在基金里越久越好,不要着急取出来,哪怕涨了很多也尽量不要取出来,这是个长期活儿。"

我相信她是对的,不,与其说是相信她,不如说是相信"长期主义"。我信任一切"长期主义"的事情,果然,年底收益是非常不错的。因为相信长期主义,我依旧每日坚持基金定投,而没有一下子投入很多;因为相信长期主义,在收益暴涨的时候,我也没有想着趁机捞一把,不然哪天降了怎么办?

这仿佛是2020年的一个暗示:别太用力做任何事情,而要循序渐进；太用力奔跑的人，往往跑不远。

2020年是我创业的第一年，因为有股兴奋劲儿在，也因为觉得自己一定得干出一番成绩来，导致我在前10个月特别用力，用力到身体吃不消、脑子不够用，甚至怀疑做这件事的价值。在这里，"用力"不是一个褒义词，恰恰相反，它是一个贬义词。太过用力的人，意味着他想快速得到结果，是个崇尚短期主义的投机者。

我很喜欢一句话："别人帮你是情分，不帮你是本分。"这句话放在创业过程中也同样适用：付出努力，仍然得不到收获，很正常；付出努力就可以得到收获，是幸运。可在创业早期，我认为每一分努力都必须得到回报才可以，而且是快速得到回报，否则就是我的能力有问题。现在想来，这个"用力"是多么无知。

其实不仅是我，很多人都把"太用力"当作自己努力的标志。在我的写作陪伴营社群里，我最怕的就是每天都来问我与写作相关问题的人，非常"用力"且"痴迷"。这种用力的背后就是想要快速提高自己的写作能力。可是，很抱歉，写作能力真的无法快速提高。它是一个循序渐进的过程，你的思考能力、逻辑思维能力、抽象思维的能力，哪一个都不是可以快速得到提高的。

当我们拼尽全力的时候，偶尔也要停下来问问自己：我这个用力，背后是不是意味着我想要快速得到结果。如果是，那就放慢进度。

当我意识到这一点的时候,迅速开始调整自己。在年底的两个月里,我基本上不开直播,也把拍摄短视频的频率降到最低,甚至没有开一门课,而是读书、写作、备课、调整团队,做一些"休养生息"的事。我也在用力生活,但是用力得慢了一些。如此,我对未来的规划有了更为清晰的方向,也坚信慢慢来更适合我。因为我做的事情不是哗众取宠的,也不是马上可以得到结果的,慢慢来,走得会更稳、更久。

不愿意花时间等待成功的人,没有资格问为什么会失败,因为成功很多时候就是"熬"出来的。

正巧最近在读与巴菲特相关的书籍,看到他的一个观念正合此理。他说:"我从不打算在买入股票的次日就赚钱,我买入股票时,总是会先假设明天交易所就会关门,5年之后才又重新打开,恢复交易。"并且告诫投资人,"任何一支股票,如果你没有把握能够持有10年的话,那就连10分钟都不必考虑持有。"

对热爱的事情也一样,如果你坚信自己会爱这件事10年,那就10分钟都不要犹豫,立即投入其中,10年之后你会看到一个不可想象的自己。

Hey，想要幸福婚姻的女孩

那天你说很羡慕我的爱情，好像爱真的会滋养人，让我变成了更快乐、更幸福的样子。

但是我想告诉你，亲爱的，爱情不是靠爱，而是靠智慧。

我把最近几年来的一些心得分享给你，希望可以带给你直接的力量：

1.越长大就越能知道自己想要什么样的伴侣，别着急。给自己长大的时间，我是到了28岁左右才知道我想要的伴侣是什么样子的。

2.如果在"你喜欢"和"你适合"之间必须做一个选择的话，我建议你选择"你适合"。"你喜欢"真的会逐渐消磨和变形，而"你适合"时间越久，越充满感恩。

3.经济条件在很大程度上影响两个人的幸福指数。无论单身与否,好好赚钱,等有一天遇到喜欢你的人,可以让幸福指数翻倍。

4.找个年龄差不多的人,一起成长,年龄是筛选阅历和成熟度最简单的方式。

5.如果你觉得自己心智不够成熟,但有人愿意接受你,那么,你可以先走进恋爱,等心智成熟后,再走进婚姻。

6.别一言不合就不相信爱情,也别草率地离婚。爱情和婚姻的好,都必须有"时间"这味佐料。

7.结婚之前,别谈太久的恋爱,两三年足够了。时间太久,两个人的问题会愈发明显,而因为没有婚姻的期待感,就让这种矛盾增强很多。

8.无论什么境遇都要尊重彼此。不在任何形势下、任何情境中,说出侮辱对方的话,一次都不可以。

9.婚姻有很多种模式。如果你是女强人,也喜欢女强人的生活,不是非得靠老公在外打拼。你们可以找到适合自己的模式,比如你主外,他主内,别在两性角色中禁锢自己。

10.爱情和婚姻就是两个人的事,你们要无比坚定。不要因为外在压力就妥协,任何一方不坚定,婚姻都走不长远。

祝好。

Hey，只管活成花的女孩

很开心，新的一年，你能加入我的编外团队，和我一起并肩作战——助人、赚钱、修行，做"人间富贵姐妹花"。

如果你问我对你有什么叮嘱，那么本质上只有一句话，其他建议都可以从这句话延展出去。这句话很俗：你要活成一朵花。

活成一朵花，听起来太小清新了、太不酷了。不，亲爱的，这才是真正的酷。"活成一朵花"意味着你需要全力以赴地盛开，如果有蝴蝶被你吸引而来，那是很开心的事；但如果没有蝴蝶为你而来，更要全力以赴地盛开，因为这只能说明你的香气散播得还不够远。

无论在什么境遇之下，你都要全力以赴地盛开，做好自己，其他随缘。坚信"只要做好自己，就会被吸引"，这才是真正的酷。

现在"个人品牌"这个词炒得沸沸扬扬，我去年也用了一年的时间来树立自己的个人品牌，包括前年在个人品牌商学院工作了一年，我的切身感受是：很少有人能够拥有个人品牌。为什么呢？不是说"再小的个体也有个人品牌"吗？没错，每个人本应该有属于自己的品牌，但太多的人学了一些技巧、方法之后，开始变成了"工具人"，只会用"套路"来包装自己。结果花了太多的时间在技巧上，本质上忘记了"自己变好"这件事。

你加入我的团队，我当然是希望你能创造业绩，但我希望这个业绩的产生是因为你足够好、足够真诚，也是因为大家信任你、喜欢你、相信你。

我去年一年的收入都是来自这份信任。有一次我和一位投资人聊天，他特别惊讶我们写作陪伴营的打卡率竟然可以这么高？他说哪怕你一个个地催，人家也未必愿意交。没错，只是他没有注意到的一点是这里面95%的人都是我的读者，其中60%的人都是我书籍的铁粉。

我的文字曾经进入过他们的生命，曾经在很长一段时间里陪伴过他们，这种能量绝对不是靠发发微信朋友圈、发几张炫耀自己的照片就可以换来的。很多读者都是好几年前读过我的书，现在才找到我的，我们仿佛隔着时光相遇了。

你看，我就是一朵小花，虽然香气还不够逼人，但是已经吸引了一小部分蝴蝶，我会继续全力以赴地盛开，把香气传得更远。

我希望每个人都是一朵花，生动地开放，绝不是微信朋友圈的一条条"付款"截图，也不是一条条复制的所谓"勾人"文案。那不是在做一朵花，而是在把自己变成泥泞不堪的沼泽，你却毫无察觉。

我希望你这朵花，有属于自己的名字。你是玫瑰，是蔷薇，是向日葵，是满天星……都好，但你必须要有自己的名字，只有拥有自己独特的身份标识、功能标识，别人才会认识你，才会喜欢你，向日葵会吸引喜欢向日葵的人，喜欢玫瑰的人可能不喜欢蔷薇。

我希望你这朵花，无私地奉献自己。没有一朵花计较自己的香气，香气随风飘散，愿意去哪里就去哪里，都不能妨碍花儿在阳光下全力以赴地盛开。你只管盛开，别计较香气。

我希望你这朵花，只和自己比，不和其他花朵争奇斗艳。每朵花都有自己的特色，没法比，也不需要比，你只能吸引喜欢你的人，也只能开好属于自己的领地。你拥有属于自己的美，其他的花朵再好看，也不及。

我希望你成为一朵花，因为在这个时代，"我自盛开，蝴蝶自来"是真正的酷，也是真正地长久之道。

Hey，不想和朋友走散的女孩

那天我收到你的信息，写了有上千字吧，归纳起来只有一个主题：如何面对失去？我很高兴问这个问题的你和我是差不多的年龄，因为到了我们这个年龄，追问"失去"才能真正抵达"失去"的本质。

你说你用心培养了五年的下属，因为别人答应给他更高的薪水，转头就走了，没有留一点儿缓和的余地。你觉得自己这么多年的培养付诸东流，而我和你一样，我也曾经用三四年的时间，想把一两个人从"泥潭"中拔出来，没曾想这两个人反咬一口，给我带来了无尽的麻烦。

对于"失去"，我觉得我们必须相信的一点是：我们失去的一定是不属于我们的东西；属于我们的，永远都不会失去。

你的下属和我的那两个朋友，都是不属于我们的，他们和我们只是在千万个走在街道上的普通人，碰巧度过了一段时光而已。自始至终,他们和我们都不是一类人。所以,对于这些人的离开,我们应该是开心的,剔除掉一些人,你才有空间容纳更多的人。

不仅仅是朋友,包括金钱也是一样的。我一个朋友去年赔掉了600多万元,我们都以为他会过不去这个坎儿,毕竟这两年生意那么难做。但是两个月后,他又满腔热忱地冲进了创业的浪潮,还时不时地告诉我们:"我一年赚了1000多万元,当时总觉得这些钱不该属于我,怎么突然就掉到我身上了呢?现在又赔出去了,把不该属于我的东西送出去了,终于松口气了。"

这也就是我一点儿也不艳羡别人的原因。终其一生,我们只能得到属于我们的东西,有些不属于我们的东西只是暂存在这里而已。所以好东西会离开,坏东西也会离开,不必因为有些不好的东西寄存在我们这里就痛苦不已,它早晚会走的。

关于失去,我想和你交流的第二点是:生命就是一个不断碰撞的过程。你要允许别人去碰撞新的东西,而你也有机会去获得新的碰撞。

某知名经纪人捧出了多个一线明星,但因为各种情况,很多明星几年之后就离开了,或自立门户,或加入其他经纪团队。记者问该经纪人:"你难过吗?这些人名气大了,就和你解约了,有一种给别人做嫁衣的感觉。"她很有智慧地回答:"我认为生命就是不断碰撞的过程,他们要去和其他团队、其他领域碰撞,无论碰撞出了什么,对他们都是有帮助的;而我也可以有空间来接受新的艺人了,也许可以和新艺人碰撞出不一样的火花。"

她是一个通透的人。生命是一汪活水,可以是海洋,也可以是溪流,但一定是流动的。很多时候,我们不由自主地把它弄成一个湖泊、一片沼泽、一潭死水,仿佛它是"死"的,我们就可以为所欲为。如果你用死水的心态去处理任何关系,关系一定是"死"的。

所以,亲爱的,当你精心培养的下属,不管因为任何你不能接受的原因要去其他公司的时候,别怀疑自己的付出,也别评价这个人的人品,而是祝福他,祝福他和新的环境产生出新的碰撞。"碰撞"不一定都会产生火花,有可能头破血流,但没关系,只要是碰撞,就是"活"的,就有新的生命力。

迎来送往,本质上没有谁必须长时间属于谁。你可以想象自己就是一条河流,流经一个地方的时候,有人进来洗洗手;流经下一个地方的时候,有人过来游游泳;又流经下一个地方的时候,有人填了一些土。没关系的,你继续往前奔流就好了。

Hey，不允许别人不快乐的女孩

那天随意地和你聊起来，你叹息一声说："我是个乐观开朗的人，最见不得别人哭丧着脸。我知道生活不易，但不快乐是一天，快乐也是一天，为什么不调整自己的心情，一直快乐下去呢？"

作为一个对生命、对生活无比热爱的人，作为一个无论经历多少磨难，第二天都能继续斗志昂扬的人，我非常赞同你的生活观念，但是，我也希望你能换位思考：有的人出于各种原因，比如性格缺陷、家庭环境、各种压力等，真的没办法保持快乐的心态，所以，你也要允许别人不快乐。

为什么有人会觉得不快乐是不被允许的呢？

前段时间，表弟给我讲了这么一件事。他的妈妈每天都给他念叨新家装修需要什么东西，要到那里买，并且给他绘制了一个详细的表格，监督他完成每天要做的事。表弟工作很忙，没有时间也没有精力去管这些事，只好直截了当地对妈妈说："我太忙了，以后再说吧。"

你猜，他的妈妈是怎么回复的？她说："你怎么不高兴了？"

这句话，让表弟再也不想和妈妈沟通了。事实问题突然就转向了情绪问题，让人措手不及，表弟问我："我不高兴了，不行吗？我还不能不高兴吗？"

是啊，我们还不能不高兴吗？所有人都希望我们快乐，却忘记了悲伤、难过、不开心也是我们的权利。为什么所有人都要开开心心的，为什么所有人都要对生命充满热情？为什么不开心就要被特别对待呢？

我经常会不开心，所以很早就和男朋友达成了一致——我不开心时就离我远远的，给我一点儿时间，我自己就好了。我特别担心他关切地问我："你为什么不开心啊？我是不是惹到你了？你要是不说出来，不开心的源头还是解决不了啊？"我不要这样的关心，不开心就是不开心，有时没有什么原则问题，只是想一个人待一会儿而已。

有时候，我妈也经常会因为弟弟一脸的不开心变得谨小慎微，然后问我："他为什么不高兴啊？"首先，我怎么知道他为什么不高兴；其次，他不高兴，不是再正常不过的吗？生活那么难，每个人都做出高兴的样子来，不是更吓人吗？

别人不高兴的时候，你其实不必做什么，就当没什么事情发生一样，日子照过，生活继续，一切也就都过去了。

你要允许别人不高兴、不快乐，只有这样，你才能真正接纳自己的不高兴、不快乐。你对别人的要求，其实是内心的映射。你在要求别人必须快乐的时候，悲伤时会更悲伤，难过时会更难过。

不快乐的时候，就安静地待一段时间，天不会塌，地也不会陷，反而会让亢奋的人生有所回落，不那么累，轻松一点儿。

Hey，被谣言击中的女孩

那天你给我讲了一个"笑话"，现在想起来我都想笑，太滑稽了。

那天，你说因为一个你熟识的女孩整天在微信朋友圈里发一些带有矫情、炫耀意味的动态，你看不下去了，就把她拉黑了。本来这是一件很小的事，但三四年之后，突然有个朋友告诉你，那个女孩对他讲，你之所以拉黑她是因为喜欢她，向她告白，她没有答应，你接受不了就拉黑了。

你可能永远记得朋友小心翼翼地问你："你喜欢女孩？"而得知真相的那一瞬间，你的脑海中出现无数个问号。

你说这件事的时候，我真的觉得太荒诞了。但是面前的你是无比生气的——怎么可以随意捏造事实，而且还是毁坏别人名誉的事情。

说到这里，我突然想到大学室友给我讲过的一件事。她读高中的时候，因为生病做手术请了一个多月的假，再回到学校时，同学们都用异样的眼光看她，后来才得知，有人说她是堕胎去了。

一个同事向我吐槽过一件更荒诞的事：我同事单身，但是她的前同事却在之前的公司散布谣言："她离婚了，而且还有一个孩子，她只是看起来像个小姑娘而已……"

所以我听了你的事情之后，并没有像以前那样生气，不是不想生气，而是觉得不值得生气。我知道这句话说得轻飘飘的，一旦发生在自己身上，我也会痛苦不已。

不知道你之前是否看过一则新闻，一个女孩在普通的日子去小区旁边的快递站点取一个很普通的快递，就像我们每天都会做的事情一样。但很不幸，两个无聊的男人为了寻求刺激，就找了各种角度拍照，通过造谣的方式，在小区群里开始传播：这个女孩和快递站点的快递员发生了不正当的关系。

接着，谣言席卷而来，女孩因此得了抑郁症，开始寻求法律的援助。后来，她几乎每天都在打官司的路上，家里被搅得鸡犬不宁，连工作也丢掉了。仅仅几句谣言，却完全改变了这个女孩的一生。

前段时间我去了解这则新闻的进展，发现还没有最后判决，这个女孩的痛苦可想而知。如果我是她的朋友，我没有任何办法帮助她，劝说她不要放在心上是不可能的，毕竟关系到她的名声。可是，在这种极端的情况下，怎么办呢？

原谅我对你安慰的无能，我认为最好的方式就是：在内心无比坚定，自己的事情和任何人都没有关系。我们无法阻止别人对我们的攻击，看看很多平台下面的留言就会知道有些网友的戾气有多重了，我们唯一能做的就是努力保持内心的平衡。

遇到事情，坦率地作一次声明，剩下的生活，该怎么过还怎么过。不必在意别人怎么说，你要相信多数人有明辨是非的能力，会坚定地相信你。

我也遇到过很多关于我的啼笑皆非的谣言，我甚至都知道造谣者是谁，但懒得去搭理，因为对方不值得我花费时间。在不值得的人身上花费时间，就是对自己的惩罚。

同时，我也奉劝那些造谣者：这个世界上的能量永远是守恒的，你在私下里做了多少肮脏的事情，说了多少肮脏的谣言，你在生活中就会遇到多少，一个都逃不掉。而且总有一天，你也会成为谣言的当事人，或早或晚，或大或小。

口舌之恶，为人家所恶，保持理智，才是一个正常的人。

不被恶人束缚，才是一个活得自由的人。

Hey，想做自由职业者的女孩

你说，你很羡慕我每天都过着只工作、不上班的生活。我叹口气说，职场人觉得自由职业者好，自由职业者觉得职场人好。

我有过四年的职场经历，后来终于决定辞掉光鲜亮丽的工作，无外乎两个原因：一个是情绪损耗太严重；一个是无意义感太严重。你应该能感同身受吧？

情绪损耗严重，主要是个人原因。我是一个做什么事情都特别认真的人，如果合作伙伴马马虎虎地完成了一件事，我就会愤怒不已。记得有一次，我被同事的懒惰、拖延气哭了，跑去找创始人诉苦，创始人问了我一句："至于哭吗？没事的。"不，在我这里，很至于。

我知道这样的习惯会让自己特别痛苦。在别人眼里，工作嘛，就是一份打工的收入，何必这么认真和较真？但常年养成的习惯，我改不掉，也不是必须要改的问题，就一直保持着。慢慢地，积攒越多，我的确开始不对外愤怒了，可当我不愤怒、成为"温水里的青蛙"的时候，我反而吓了一跳，无论怎样，都得离开。

第二个原因就是无意义感。四年的职场经历，主要有两份工作：一份是媒体工作，我每天接触不同的人、遇到不同的事情，都是新挑战，都有意义感；另一份工作对我而言，离开的原因就是感受不到自己的价值。创始人对我很好，我的工作也做得很棒，但内心就是空洞洞的，时间久了，就失去了对工作的热情。

我想你肯定听到过很多"过来人"对你说，你要在没有意义的工作中寻找意义感。不，有些工作对你而言就是没有意义的，怎么都找不到意义。

职位的待遇啊，同事关系啊，通勤的时长啊，公司的发展前景啊，其实都是可以解决的，因为它们都不是本质的问题。要么是情绪损耗，要么是无意义感，这两个原因会让人离开得很彻底。

的确，选择一个你喜欢的自由职业，很大程度上会把这两个问题解决掉，但是又会迎来新的问题。你问我是否能够给你一些建议：如何才能从一个职场人变成自由职业者？那我就简单地和你说说自己的一些感受吧。

1.如果三年后想要做自由职业者，那么你从现在开始就得准备那个可以养活自己的技能。一个技能的学习，真的没有那么快,而且是在你边工作边学习的状态下。提前三年做准备,你以后才能养活自己。

2.你得有支撑自己至少一年没有收入的经济基础。自由职业的第一年,很多人都赚不到钱,因为状态、路径和在职场里完全不一样。自由职业在有经济基础的前提下,才会真正发酵,才有长远的价值。

3.你得是一个极度自律的人。无自律,就别妄想做自由职业。自律就是最大的自由。如果你在职场上都是极不自律的人,不管你有多大的野心,也奉劝你不要创业。

4.如果必须有一种能力的话,就是很强的学习能力。在职场上很多信息的获取可以是被动的,但是自由职业不一样,你得有主动学习的能力,甚至是快速学习的能力。没有人教你了,没有人带你了,也没有人影响你了,你不自我迭代,就只能原地踏步。

我做了自由职业之后,反而很羡慕上班的人,哪怕"摸鱼"也可以按时拿到工资,但同时我也深知:这种羡慕只是片刻的。自由职业是高风险与高收益并存的,你能否践行长期主义,能否成为抗风险能力很高的人,从你步入职场之后就渐显端倪了。

如果非得让我给你一个建议,我不太建议你做自由职业者。上面我说的4条基本感受里,你至少有3条是做不到的。

那就不要为难自己,本本分分做个打工人也可以很舒服,只要不让自己整天陷入"我要不要做自由职业"的纠结中。

Hey，心烦意乱但想做大事的女孩

那天，我们聊起现在某短视频平台上的宝妈都非常厉害，一边做全职妈妈，一边把直播做得风生水起。你问我，那些是不是都是假的？

肯定不全是假的，但为了回答你这个问题，我还真和几位全职妈妈聊了聊。

就拿其中的一位来说吧。这位全职妈妈非常优秀、干练，研究生毕业就在某知名财经媒体工作，后来去了某集团的宣传部，两年多后就怀孕了。家里老人不能照顾孩子，老公还在北京工作，于是她果断辞职，做起了全职妈妈。

她说，做全职妈妈的前一两年，简直就是"人间地狱"。倒不是说有多么辛苦，而是她这么优秀的职业女性突然失去了职业带来的价值感，那种"仿佛从天上掉到地上"的感觉让她几乎每天都在怀疑自己辞职的选择是否正确。用她的话来说，那两年她除了待在孩子身边，其他什么事都做不了，只有无尽的焦虑。

到了第三年，她渐渐地感觉对焦虑这件事脱敏了，有时候甚至是懒得焦虑。她想："我都焦虑三年了，也没有让生活变得更好或者更差，焦虑其实没啥用，索性就这样过日子吧，明天要发生的事情就交给明天吧。"

后来，有朋友建议她做短视频，她就开始有一搭没一搭地做着。有一天，她发布的一条短视频突然火了，这给了她极大的信心，于是开始做社群、卖儿童用品，虽然赚得很多，但很有成就感。

我问她："你觉得为什么你去年才做短视频，仅仅是因为朋友拉你做吗？"她想了很久，说了一个让我很有共鸣的答案，她说："因为我对'全职妈妈'的身份不焦虑了，心安了，我才有能力去做短视频。如果朋友在两年前拉我，那个时候是短视频最火的时候，但是我可能做得不如现在好，甚至根本不会做这件事。"

她说得很诚恳，我也特别懂她的意思。如果你身上有好几个角色，得至少有一两个角色是确定的时候，你才会有心力去做好其他身份。

我是30岁那年决定创业的，但也只有30岁的这一年，才有条件创业。28岁时，我不会创业，因为情感是我的重心，刚刚交男朋友，情感不太稳定，需要花时间和精力投入其中；29岁时，我也不会创业，因为刚到初创公司感受创业到底是什么样的，还没学习呢，何况是自己来做。

而到了30岁，情感生活经历了两年的磨合已经非常稳固，这给了我很大的力量。我见过的优秀的女性企业家，要么是家庭生活非常幸福的，所谓"后院"稳定，才不会突然着火；要么是没结婚或者离婚的，因为不用担心情感生活是否会突然掀起一阵风浪，让自己焦头烂额。

最怕的就是拥有一段纠缠的关系，"缠"得你什么事情都做不了。所以，"稳定感"对每个人来说都是特别重要的。很多人可能会觉得我挺折腾的，应该不喜欢"稳定感"这种状态。不，我喜欢。我认为"稳定感"和"折腾"是相辅相成的，必须有一方的稳定，才有一方的折腾。你看到我在事业上的折腾，没有看到我在各种关系上的稳定，无论是爱情还是友情，抑或长期的合作关系。

人在心定的时候，才容易成事。

若说我对你有什么建议的话，就是把你的家庭关系处理好，多花点儿时间，这样你才有精力来拼博事业，也才会有精力来做自己呀。

Hey，出身农村的女孩

昨晚收到一封上千字的信，很感动，你能够把你对成长的疑惑这么清晰地、认真地梳理出来，说明你对自己的人生很负责任，我也想报之以真心。你提出的大部分问题，主要围绕一点：农村女孩的出路在哪里？尤其像你一样，有着沉重的家庭负担的女孩，到底怎样才能实现自己的价值。

我也是农村出生的，一路走来，的确感到和出生在城市的人有很大的区别。但是这个区别，和"你喜欢读书，另外一些人不喜欢读书"，或者"你生活在北方，另外一些人生活在南方"是一样的，并不是敌对的，不用过分强调，也不用过分被羁绊。

在这个基础上，我和你分享9条经验，不一定完全正确，但这是我在摸爬滚打中总结的人生经验。

1. 一定要去大城市工作3年以上，如果有可能的话，最好去一线城市。

是的，我很刻意地强调了"一线城市"和"3年"，一个是空间，一个是时间。

无论你在一线城市做什么，它带给你的兴奋、希望和压力都会成为你生命中的影响因子。我有一个姐姐在北京某大学里做了几年的食堂"阿姨"，怀孕之后留在老家生活，她对事情的看法以及对新事物的接受程度，和当地很多人就都不一样，更不要说你在一线城市做的还是更具有挑战性的事情了。你可以试试你的机会、能力的边界在哪里，哪怕尝试之后再回老家，也是不错的方式。

3年，是我认为理解一个事物的正常周期。少于这个时间，就没有接触到它的核心；多于这个时间，当然更好，但有时候也没必要。

我在杭州生活过两年，在上海生活了半年多，很难说我对这两个城市有多么了解。前段时间我到上海出差，竟然忘记了杨浦区在上海的什么位置。而转眼，我在北京已经生活了3年，每一年都对这个城市有新的了解、喜爱或者厌倦，也正是在这个节点上，我才知道北京对我真正意味着什么。

2.晚婚并非不光彩的事。

我们这一代的父母对结婚还是有种"任务式"的情结，认为只有孩子结了婚，生了孩子，他们才在某种程度上完成了"任务"。这种观念虽然在逐渐消弭，但我们这一代人还是会被影响到，包括我。父母已经尽最大努力在克制，还是会在不经意间流露出那种对完成"任务"的渴望。

而我们有时候需要"对抗"。假如你遇到一个喜欢的男孩子，一定很想和他早点儿结婚，但容我说句不合时宜的话，你可以晚点儿，别那么着急。谈恋爱是两个人的私密关系，但是婚姻就是两个人的社会性事务，你会被某些东西捆绑。我希望你能给自己多几年的时间，去看更大的世界，去经历更多想经历的，而不必"当我想经历的时候，有新的负担在牵绊着我"。

3. 好好读书，好好考学。

这句话真不是一个很飒的女生说出来的，但每个字都是我的血泪教训。我不认为考大学、考研、考博还是唯一获得优质生活的选择，但它可能是你最轻省，也是最快的方式。

好好考学，哪怕你毕业之后，从事和专业完全无关的工作也没关系，你看到的世界，你周围的同学，会成为你的资源。我现在对创业很有感触，那些知名大学毕业的学生和我们相比，很容易拿到投资，很容易讲好故事，也很容易组建团队。

学习和考学，真的是现阶段最公平的事情了，一旦错过，未来的路就可能会经历更多的坎坷。

4. 忘记自己是个农村人。

你在给我的信中，写了20多个"农村女孩"。写一次就够了，不要重复，当你重复的时候，你就在给你的潜意识做植入，它会烙印得更深。你不说，没有人知道；你不说，也不会有人关心；你不说，自己也就渐渐地注意不到了。

就像我经常给一个在英国留学的闺蜜说："忘记你是个海归，你的职场生活会更顺遂。"你也一样，忘记你是个农村出身的人。是不是农村出身的，在你具体的工作过程中没有任何关系，不会有人因为你是农村出身的就不把这个项目给你；也不会有人因为你是农村出身的就觉得你没有责任感。

在我看来，除了在身份证、社保以及结婚的时候会有所区别，在其他领域，它可以完全不存在。

5.在不知道要什么的时候，努力赚钱。

这句话是说给所有女孩听的。如果你不知道自己热爱的是什么，找不到自己喜欢做的事情，不要整天纠结，唯一需要做的就是努力赚钱，在毕业后的几年内，拥有一份属于自己的小资产。

有一句很世俗的话：诗和远方都是需要盘缠的。我们想要去看更大的世界，经历更丰富的人生都需要钱。很多时候，有了钱，你也就不会为"我是农村出身的"所困扰。

当你往这个方向去努力的时候就会发现，比"我是农村人"更让你难过的是"我赚不到钱"。意识到钱很难赚，从而尽快补充技能，尽早获得养活自己的能力，才是一个正向的循环。

6.提高自己的审美能力，在能力范围内变得好看。

很多女孩之所以看起来很"土"，不是因为长得不好看，也不是她们不想打扮，而是审美能力差，可能花了很多钱依然找不到适合自己的风格。对于女孩而言，这是很大的机会，只要我们稍微在这个方面努力一下，就会有一种"逆袭"的感觉。穿适合自己的衣服，画适合自己的妆，拥有自己满意的身材，舒服的外表会让你的自信值翻倍。

我之所以提出这个建议，就是因为很多女孩的不自信不是内在的自卑，仅仅只是外在的"不好看"，还有些人认为好看是用钱堆出来的。

给你讲一个我的小故事。在我稍微有了购买奢侈品的财力之后，很自然地学着别人的样子买了几件奢侈品，穿上之后，不但自己觉得别扭，还会有朋友偷偷问我："你这个是正品吗？有代购吗？给我介绍一下。"总之，我虽然穿上了奢侈品，但谁看谁觉得不是正品。

不是选择奢侈品不好，而是我的风格和某些奢侈品是完全不搭的，很多大logo放在身上，怎么看怎么别扭。穿网上买的几十块钱的衣服，反而会被朋友夸赞。

"美"这件事特别公平，用钱都很难堆出来，期待你审美能力过线，自信地美起来。

7.踏实、忍耐也许会是你的核心竞争力。

我身边农村出身的女孩都有什么共性呢？我发现，她们都有一种很踏实的忍耐力。这个人拼不拼我不知道，但就是特别能忍，骨子里硬气得很。

我觉得这和农村的气质是相符的。祖祖辈辈下田种地，只有勤恳、踏实、忍耐才可以种出好的庄稼，一代代下来，这种品质也许就融进了我们的血液里。

所以未来你和各种各样的人比拼的时候，什么都可以忘记，什么都可以不会，但必须做到踏实、忍耐，这是"农村"给你的滋养。在你一无所有的时候，凭借它可以很好地活下去。

我在写作上没有什么天赋，但就是比很多人能忍，能踏实地、一天天地写。你看，我可以混口饭吃，养活自己，你也一样。

8.别和父母较劲，如果无法交流，就远离。

这句话说出来，可能会招很多人骂，但这是我眼睁睁地看着身边的人进入"死循环"的现实后总结的。如果你的父母因为各种原因蛮不讲理、无法沟通，和这个时代脱节，不要和他们较劲，不要把很多的时间和精力放在说服他们上。

他们也没有想要为难你，只是社会环境、生活经历和自己当下的状态使他们只能这样和你交流，甚至意识不到这是有问题的。没关系，无法交流，就远离，去离家稍微远些的城市生活，减少交流的频率。

这不是不"孝"，这是你对彼此的尊重。你觉得他们在为难你，而你努力说服的样子也在为难他们。"远离"和"减少频率"不等于不孝，而是合适的相处方式。

当你不和这件事死磕的时候，它反而会容易得多。

9.好好赚钱，努力变得优秀之后，不要忘记你有一个选择，就是：随时回到农村。

我们一直想逃离的地方，有一天，我们会无比想要回去。如果你到了这个阶段，请你大方地选择回去。你会很感恩，还可以回得去。

希望你早点儿读懂这些经验之谈。

Hey，优秀且自律的女孩

前两天你问了我一个问题："蓑依，你的生活条件已经很不错了，虽然不是大富大贵，但也有名有利了，为什么还要这么拼呢？"

你说自从买了房子和车子之后，自己就很难有再努力一下的动力了，觉得平平淡淡的生活也很好。

亲爱的，是的，平平淡淡的生活真的很好，可你要明白，一边过着平平淡淡的生活，一边又不满足现状，就会非常拧巴。

我试图回答你的问题，除了热爱之外，还有一个很重要的原因，我想在阳光灿烂的日子里修修屋顶，下雨时，就不会漏雨了。

知名品牌咨询公司"华与华"的董事长华杉先生讲了一个观念，他说："华与华每年都会投放广告，而且还会一直往上加量，从来不关心转化率，只管每年按比例花这么多的钱。但是其他公司呢，当时为了省钱，该投放的时候不投放，等到需要品牌建立知名度了，又指望'烧钱'来获得成功。这样的结果就是：华与华虽然每年都加量投钱，花的钱也比那些竞争对手想马上翻身投放的钱少。"

这个观念对我的冲击还是挺大的：每年按比例花钱，竟然比一下子花钱花得少。更重要的是，每年投放所建立起来的品牌形象，比一下子花钱不知道要有效多少倍。其实，这就是"在阳光灿烂的日子里修屋顶"的思维。太多的品牌觉得自己没有市场风险，就减少了广告投放，结果就是品牌遭遇"暴雨"时，到处漏雨，遮都遮不住。

不但企业、品牌如此，人也是如此。这个评判标准就是：是不是在自己最好的、被众星捧月的阶段给自己补上一点儿东西。

2020年大年三十的晚上，我正在老家过年，突然听到消防车的声音，原来是亲戚家的一个鸭棚着火了。鸭棚里有一万多只小鸭子苗，加上大棚的物料费用，一把火烧掉了十几万元。对于一个养鸭子的农民来说，这简直是血本无归。

你知道这个损失是怎么造成的吗？就是因为他家的煤球炉子旁边的遮挡木板老化了，没有及时进行更换。平时总觉得没什么事，然而大年三十这一天，一把火就烧了整个鸭棚。

真是令人不胜唏嘘，老家人都用"这都是命"来定性这件事。换掉一块老化的木板，一分钱都不用花，因为家里有的是这种没用的板子，但那位亲戚就是觉得不用管，晴天嘛，专注享受阳光就好了。

我用这个故事告诉你：我在最好的阶段也要无比努力，就是因为晴天的时候，才有力气修屋顶。当雨天来临时，你根本无法站上屋顶好好和泥。更何况，人生晴天的日子真没那么多，大多数都是阴天，指不定雨天什么时候就来了，所以阳光明媚的日子，要在阳光下起舞，要喝下午茶和朋友碰杯，要化最好看的妆，但同时，去和那些被你不小心伤害的人道歉，去对未来做一个可执行的规划，去沉潜、深思吧。为明天多做一点儿伏笔很有必要。

别忘了，你在晴天做的事，更容易被人接受，也更容易被人原谅。

FOR YOU

第四章

成长是在孤独里

玩得最好的游戏

你 要 元 气 满 满 ， 也 要 人 间 清 醒

Hey，孤独成长的女孩

2019年，我出版了一本书——《要么庸俗，要么孤独》。

这本书的书名是我的编辑崔悦姐起的，她说会畅销，我也没有多想，就用了这个书名。其实我当时对这个书名是没有感受的，只知道它是哲学家叔本华的一句名言。直到2020年年末，我才对这句话有了真切的理解。

2020年年底，一直萦绕在我脑海中的一句话就是："所有的成长都是孤独的。"这似乎是个老掉牙的说法，无数的人谈过成长，无数的人也谈过孤独，但总是听过很多道理，在一瞬间才知道这个道理是说给自己听的。

2020年年底，我以每3天读4本书的速度来缓解一年的知识饥渴感，每天复盘、思考和写作。晚上睡不着的时候，我就回忆过去一年哪些事情做对了，为什么做对；哪些事情做错了，为什么会做错。当我这么一天天坚持下去的时候，我感到自己的成长是飞快的，同时，我也意识到这种成长是不可言说的，是属于你一个人的，是孤独的。

怎么说呢？告诉别人我的阅读书单吗？书单本质上是无用的，真正让一个人成长的是一本书中几次叩动心扉的时刻，那种妙不可言、那种浑身酥麻、那种想要和作者碰杯的感受……无论用什么词语都形容不当。

前段时间，我又拿出稻盛和夫的书看，每读一句，验证人生的厚度就又增长了几分，可是这种感觉怎么给别人说呢？说不出来，甚至你自己都不清楚那顿悟的感受是什么，是喜悦，是感恩，是智慧？好像都是，又好像都不是。

毛姆在《月亮和六便士》里说："我们每个人在世界上都是孤独的。每个人都被囚禁在一座铁塔里，只能靠一些符号同别人传达自己的思想，而这些符号并没有共同的价值，因此它们的意义是模糊的、不确定的。"真想请毛姆喝杯酒，他说出了孤独的本质：符号并没有共同的价值，本质上人和人之间无法达成真正的理解，所以一定是孤独的。

当我把这篇文字写下来的时候，只是在陈述我所坚信的事实，没有任何顾影自怜般的矫情。孤独不需要可怜，不需要对抗，不需要温暖的拥抱，它就是事实本身而已，就像接受一年会有四季，每天都有日出日落一样，接受这个事实就好了。

我想，人接受孤独这个事实，除了人类本质上依靠符号无法沟通之外，还有一个很重要的原因，借用布考斯基的话来说，"我不以孤独为荣，但我以此为生"。

不得不承认，我就是以孤独为生的人。如果没有孤独，我会非常虚弱。

每逢过年，按照老家的习俗，都会宴请宾客，礼尚往来，每天都沉浸在家长里短的嬉笑怒骂之中，比我看十本书都累。每次送走客人，我都关上门在自己的房间待几小时，哪怕什么都不想，什么都不做，都觉得舒服、妥帖。

我是一个很开朗的人，见过我的人都说我的表达能力特别强，但外向并不等于和孤独不搭边。我偶尔会觉得自己在孤独中才拥有了和外界交流的力气，它是我的道场，我在里面修行，休养生息。

张嘉佳说："孤独是全世界，是所有人，是一切历史，是你终将学会的相处方式。"对，本质上它也是一种技巧，当你孤独地生活时，也就拥有了最舒服的姿态。

也就是在这个时候，我深刻地领悟了"要么庸俗，要么孤独"的真正含义。我特别排斥二分法，在我看来，任何事情都有中间地带，并不是只有"对"和"错"，但是"要么庸俗，要么孤独"是没问题的。因为"庸俗"和"孤独"不是单个的，而是一片宽广的领域，仿佛陆地和海洋，你选择何种生活，是你的问题，没有好坏之分。但只要签署了这份协议，你就得体面地完成。

在《夏目友人帐》中有一句台词："我必须承认，生命中大部分时光是属于孤独的，努力成长是在孤独里可以进行的最好的游戏。"祝愿你，在这个游戏里玩得开心。

Hey，拧巴的女孩

我们聊天时问起你现在在做什么，很惊讶呢，你竟然成了一名脱口秀演员！两年前见你的时候，你还想要成为一名西班牙语的翻译者。不知道在这个过程中你经历了什么，但脱口秀演员还是蛮适合你的，很为你开心。但你问我："蓑依姐，我发现我越来越拧巴，怎么办呢？甚至这已经成为我说脱口秀的巨大障碍了。"

好吧，咱们一起来聊聊"拧巴"这件事。如果去网上搜一搜，你就会看到"你努力得不彻底，所以活得很拧巴""活得太拧巴，是因为你见的世面不够""你玻璃心，所以拧巴"……但这些话在我看来，都不值一提。

我也是一个拧巴的人。那我是怎么对待拧巴的呢？像我对待很多难以解决的问题一样，我全然接受它。拧巴就拧巴呗，与其花力气去对抗，不如想想如何最大化地利用它。你是脱口秀演员，我是写作者。咱们俩都属于创作者，我偷偷告诉你一个心得：拧巴会激发创作欲。不信你可以试试。

话说回来，一个人为什么会拧巴呢？肯定是两股绳子拧在一起了呗。那这两股绳是什么呢？分享一下我的思考。

我觉得第一股绳，是对内的——我们给自己设置了太多的框架。最近我在看综艺节目《送100个女孩回家》，每一集都让我思考了很多，有空你也可以看看。

其中有一集是，主持人去采访某位女明星的时候，摩拳擦掌，特别想要问："你成名之前和成名之后有什么变化？你现在还有什么烦恼的事情吗？"他对这种大多数人都会遇到的一些状态很感兴趣。但是他在这位女明星这里碰壁了，对方告诉他："我现在这么有名气了，我有什么可烦恼的？如果说必须有烦恼，那就是我吃点儿东西就胖。"主持人很泄气地继续问："那你有什么梦想吗？"对方直率地说："我的梦想就是变成易瘦体质。"

主持人觉得总是没有聊得那么深入，非常苦恼，所以在接下来的访问中，他一直在试图说服对方不要说场面上的话，而要说真话，对方终于忍不住发火了："为什么我说的每句话都是真话，而你却觉得我说的是面对镜头的场面话？"

你看，主持人像不像咱们俩。也不知道是太聪明，还是太笨，总能在某件事情发生之前下意识地制造某种预设，一旦这种预设没实现，就陷入自我拧巴、自我纠结的处境中。你也是呀！

你还记得那次你去参加某综艺节目的录制吗？你的预设就是我必须得好笑，要做翻译领域最好笑的女生。到了现场才发现，你是里面最不好笑的，你应该是知识分享类型的。为此你拧巴了很久，怀疑自己到底该走那条路。你看，这正是因为你给自己设置了太多的框架。

我很喜欢"轻装上路"这个词，"轻装"里面一定有一层意思是：不带预设，直接向前，遇山开山，遇水搭桥。

另一股绳呢？和它相对的，是对外的——我们还是免不了受到外界的影响，而且越是拧巴的人，越在乎外界的评价。事实上，很多评价除了让自己难受之外，没有任何作用。

去年，有一个人触碰到了我的底线，我一忍再忍，忍了好几个月，最终还是选择了以最直接的方式结束。在那几个月里，我非常拧巴：要对得起自己的良心，还是要破除外界对我的不公平的评价？因为太担心外界对我产生不公平的评价，我忍了他几个月，但是当我放弃之后，却发现：其实根本就不会有人关心这件事，哪怕很多人了解了，支持我的依然会支持我，而那些不支持我的人，也并不会因为这件事就支持。

我经常想，我们究竟要吃多少苦，吃多少亏，才能真正把"我自己的事情和任何人无关"这句话刻在心里。甚至有时候我会觉得：还是我们吃的苦、吃的亏太少，以至于总把"别人"当回事。只有真正经历过那种绝望的处境，心才会记得"你应该任何时候都站在自己这一边"吧。

无论对内不给自己设置太多框架,还是对外不在乎别人的评价,都很难在短时间内做到,有的人甚至一生都很难做到。既然如此,生活已经很累了,就不要再给自己贴上"拧巴"的标签了。

我很喜欢的心理学家海灵格说:"受苦比解决问题来得容易,承受不幸比享受幸福来得简单。"我觉得这是对的,所以我不再给自己贴"拧巴"的标签,让自己受苦,让自己承受不幸。我把这些时间省下来,去做那些解决问题和享受幸福的事情,何乐而不为呢?

希望聪明的你也能这样。

你和"拧巴"这个词很不搭,扔掉它吧。

Hey，想要迅速晋升的女孩

那天你问我："为什么你敢在工作4年之后就辞职去创业？"我回答说："在这个阶段，我想在职场中学到的基本都学到了，所以出来试试。"你很羡慕地说："我工作快5年了，但感觉也没啥长进，你有什么秘诀和方法吗？"

我仔细回忆了一下，在职场4年，主要做了两份工作：一份是电视节目导演，作为从来没有接触过电视的人，用两年半的时间，成为国民现象级节目的主编；另一份是在企业家商学院担任内容负责人，工作了一年。

相比较考研与考博，我的职场之路异常顺畅，无论是工资收入、职位晋升，还是自己所感受到的能力提升，都是挺不错的。因为这条路很顺，我很少谈起它，我总是对一些困难的事情记忆深刻，对相对简单的事情会下意识地忽视。今天借着你的提问，我也来梳理一下我对职场的经验吧，正好我现在作为创业者，也会从多个角度思考职场力。

1.职场价值观很重要。我的职场价值观是：从来不认为自己是个"打工人"，我来工作只是为了增加我的技能，是为了"我自己"。因为在职场做的所有事都是为了自己，所以什么事情都可以义无反顾。什么加班不给加班费，什么随意被安排活儿，没关系，我愿意做这些事，这都是在修炼自己而已。也许我给自己的暗示很成功，过去的4年，我过得很快乐，也超级努力，没有怨言——给自己打工，有什么可抱怨的。

2.大多数人做不到超级努力，依靠努力就可以打败90%以上的人。职场上浑水摸鱼的大有人在，你稍微比别人努力就可以很快被看到。如果你觉得自己付出了很多，依然没有被看到，我可以坚定地告诉你，不可能。我也带过团队，也招聘过员工，谁认真谁不认真，谁努力谁不努力，我都看得清清楚楚。你没被看到，不是因为你隐藏得深，就是你做的还不够。

3.同事关系就是同事关系，不报以"朋友关系"的期待，可以减少90%的麻烦。职场上大多数人的不快乐，不是来自工作本身，而是来自同事关系。同事关系就是合作关系，不要抱以朋友关系的预期，只有少数的人，等你离开这家公司后依然保持联系。倘若你在同事关系中有了朋友预期，很多不方便说的话，也当作真情流露了。职场上没有不透风的墙，别给自己添麻烦。

4.适当的时候勇敢地站出来，职场晋升可以提速90%。每隔一段时间，领导就会无意识地给你一次机会，此时一定要好好抓住。比如，在情况比较紧急的时候，谁能马上接受任务执行；在遇到棘手的问题，谁愿意站出来承担责任；比如当大家都推诿的时候，谁能站出来说句公道话。适当的时候，站出来一次，比平时站出来20次都要有效。

5.细节上认真，比干几件大事更能让领导信任。我辞退过一个员工，就是因为在细节上经常出问题。这样的人，给领导最直观的感受就是不值得信任，交给他任何一件事都得担心，还不如自己上手来得高效。大事做不好可以理解，是能力问题；但是如果细节都做不好，实在不能说是能力问题，只能是态度问题。在职场上，态度问题远比能力问题重要。

6.不要玻璃心。职场就是工作环境，目的就是大家一起把事情做完、把事情做好。没有一个人愿意和情绪化、玻璃心的人一起合作——别人都在处理工作，你却在收拾心情，耽误进度不说，还会导致大家不愿意和你共事，生怕自己说错了话，又让你难过了。多一事不如少一事，渐渐地，你就被边缘化了。

7.分寸感是绝杀武器。任何工作本质上都是人和人之间的关系，而人和人之间最讲究的就是分寸感。无论是你和领导、你和下属，还是和合作伙伴，说话、做事有分寸感，会显得整个人很高级，而这种"高级感"会引来更多人不由自主地与你合作。

8.学习能力是久处职场的人最强的竞争力之一。如果你是职场新人，学习能力稍微差一点儿还可以理解，但如果工作一两年之后学习能力依然特别差，不用说没有升职机会，就连同事都会小看你，有什么合作的事情也不想和你组队。

学习能力，在任何领域都需要。但是职场上真正有学习能力的人，不超过五成，很多人只是嘴上说说，做做样子而已，好在结果不会陪他们演戏。

我是非常热爱职场的人，因为很多的价值观都来自工作，如果没有创业，我很愿意在职场上摸爬滚打一辈子。职场就是一个修道场，我在其中慢慢地变成理想的自己，很感恩这段旅程。

没有对抗，全程接纳工作带给我的。于是收获了一个又一个好结果。

没有人天生热爱工作，你要有能力在自己不全然热爱的工作中，发现价值、追求价值，和人生一样。

Hey，30岁不再创业的女孩

你说"30岁的我，已经没有那么野心勃勃地要大干一场的决心了，只想脚踏实地地过小日子"，真想隔空拥抱你，你仿佛是世界上的另一个我。每次我们聊天，我都要说一句："特别懂。"同样30岁，同样辗转于很多个城市，同样做过很多份工作，同样被很多人爱也被很多人抛弃，所以给你写这封信的时候，我很明确的感觉是，我在写给自己。

我是29岁的时候决定创业的。那个时候国内的疫情刚刚有所缓和，可以去公司上班了。坐在办公室开会的时候，我突然觉得很压抑、很被控制，以前不觉得，可在那段时间我突然意识到很多的会议太无聊，很多的讨论都没有意义，我想要离开。于是，我转头就走，没有一丝纠结。人生总有那么一个时刻，你会无意识地做出选择，而这个选择很可能改变你的人生轨迹。

在过去的很多年，我就想过创业，说实话，我到现在都不理解我为什么要创业。没有一个明确的理由，后来我找到了一个看起来合理的答案：我还是想要挑战自己，想拥有更多的可能性，创业是我想尝试的可能性，仅此而已。

过去的这一年，我就在为这个可能性买单。这一路我只有一个感受：创业根本不是每个人都能干的事，或者说创业成功本就应该属于极少数人，因为它太复杂了。你抱着满腔热血而来，得到的可能只是人性的凉薄；你自以为积累了很多的商业经验，可在实操中发现处处是坑；你以为自己可以做很多事，结果发现什么都做不了；你以为会有很多人理解你，其实没人理解才是常态。

我经常对你说的一个词是：失望。我是一个对人、对世界充满无限热情的人，有时候我感觉自己的热情好像永远也用不完，但是在过去的一年里，我多次使用了"失望"这个词。尤其对于一名线上教育工作者而言，这种感受几乎每天都存在。无数人抱着学习、改变自己的心态而来，我只能眼睁睁地看着他们在极短的时间内放弃，变回以前那个糟糕的自己。

2020年的最后两个月，我在集中精力写书。我感受到了无与伦比的快乐，那种快乐是给我多少收益都无法实现的快乐。我曾经以为，只有身体力行地影响到别人才会快乐，后来我发现自我创作的快乐，比影响别人快乐1000倍。

在2020年秋季的某一天，我见了一位非常有名气的出版人，目的是帮助我觉得非常优秀的几个想出书的小伙伴顺利出书。出版人当时对我说："蓑依，不要花时间在别人身上，哪怕他们再好。多花时间在自己身上，你会发现价值更大。"当时的我，把这句话理解为了"自私"，觉得他有些狭隘，因为利人就是最大的利己啊。但是今天我特别懂他的意思，因为你失望过，因为你不被理解过，因为你相信自己可以更强大。

我和你说这些不是为了抱怨，所有的事情都是如此，当你深陷其中的时候就会发现没有想象中那么美好，我早就接受了这一点，并且接受了我这一生会比很多人活得辛苦的现实。只是我很开心，你斩钉截铁地做了这个不再创业的选择，我非常支持。不喜欢的就放弃，不想坚持的就结束，千万不要为了坚持而坚持。

在创业的初期，我满腔热情地说："一定要证明我创业可以成功。"现在想来多么可笑。证明是什么意思？证明给谁看呢？成功了又能怎么样呢？不要被这个愿望圈住，可别忘了，我们创业是为了实现更多的可能性，而不是把自己困在某一种可能性里。

2021年，我会做一个更大的尝试，这个尝试注定比2020年更累，我得试过之后才知道答案。但是有一点是确定的：如果有一天我对创业这件事没有热情了，我一定会坚定地结束。30岁的好，就是让我们清楚地知道：在这个世界上，你最应该关心自己的幸福和快乐。没有人想要成为女强人，但每个人都想成为幸福的人，我也是。

恭喜你，亲爱的，在30岁这一年开启了人生的新篇章，特别值得期待。

Hey，容貌焦虑的女孩

我们一起吃午饭时，你问我对现在网上很火的"容貌焦虑"怎么看。我没有开口问你为什么会问这个问题，我揣测是因为你比较胖，可能对自己的身材不够满意吧。当时我是用一个故事来回答你的，现在分享给大家。

2018年12月的一天，我参与录制的节目完美落幕，工作人员都开始收拾行李，终于能从住了几个月的酒店离开了。我和当时的领导住在一个房间。我们一起回去收拾行李的时候，她突然对我说："马上要放假了，我想去做个双眼皮手术，但是我不想一个人去。"我脱口而出的第一句话就是："我陪你去呗？"她非常惊讶地问我："真的吗？你真的要做吗？"我脱口而出："这点儿事算什么，去！"于是，第三天，我们一起去割了双眼皮。大家也都看到了，我得到了一双很失败的、欧式的双眼皮。

后来，每次照镜子时我都后悔地说："哎呀，这个脑子，怎么就进水了?"朋友也给我介绍好的医生,说:"你可以去修复一下,现在修复技术还蛮好的。"我坚决不要,我很知足的地方在于很多割双眼皮失败的人,是闭不上眼睛的,而我虽然丑,但起码可以闭上啊,哈哈哈。

  这个故事里的我真的不在乎容貌,如果在乎,我就会做足功课,认真对待割双眼皮这件事;如果我真的在乎容貌,我就会去做修复。我为什么不在乎容貌呢?不是我想不在乎,而是在我的人生焦虑的排序中,容貌焦虑还排不上队。

  我的焦虑中排在第一位的是我怎么可以突破自己的认知瓶颈。上班的时候,想在自己的领域上认知比别人高一点儿,做事情就会质量高一些;创业的时候,发现对于创业这件事所知甚少,要补的功课实在太多,还得和自己的懒惰对抗。三分之二的心思都放在这里了。

  排在第二位的是我如何能成为一个自己认可的很酷的人。我对自己不满意的地方在于现在所做的事情都是没有挑战性的,虽然有难度,但都可以想方设法地解决,脑洞不够大,格局不够大,没有形成自己的做事风格,一点儿都不酷。

  排在第三位的是如何保证我的输入可以大于输出。我每天输出的东西太多了,书面、口头,如何保证我的输入可以跟得上,也是我每天要面对的。输入这个东西比较难以量化,有时候就会偷懒,可是一偷懒,一个月过去,基本就没什么长进,所以我要花时间和精力来研究它，解决它。

排在第四位的是如何突破自己不愿交际的习惯；排在第五位的是如何克制自己的情绪；排在第六位的是如何能够在内心里留更多的位置给别人……这样算下来，容貌焦虑应该要排在至少10名之外。

我在网络上看到很多人在讨论容貌焦虑，大多数人告诉你，不用焦虑，自信远比容貌重要；每个人都是独一无二的，你要尊重自己的容貌，你有自己的美。不好意思，我早已过了用"单个问题"解决"单个问题"的认知阶段。如果你所有的思考都是在"容貌"范围之内，无论你怎么使劲儿，都不会得到很好的解决。

去面对更广阔的世界，去面对更大的焦虑，你会发现，容貌焦虑不值得一提。

所以我想告诉问我这个问题的姑娘，我知道，其实你的生活过得没有那么好，每个月的薪水在深圳这样的城市其实算是比较低的，不如暂时先放下容貌焦虑吧。多挣点儿钱，多提升自己，让未来的生活变得更好。

Hey，不懂拒绝的女孩

我们聊天时，你问我："2021年，你最想尝试的一件事是什么？"我说我比较贪：在成长方面，我最想尝试的一件事是读历史书，每一年我都有自己的读书主题，前年是文学类的，去年是商业类的，今年是历史类的，以前我是无论如何也不想读历史书的，或许是时机到了，现在我就是想读，想如饥似渴地读；在生活方面，我最想尝试的也只有一件事——学会拒绝。

2020年，是我创业的第一年。因为在之前被灌输过很多创业艰难的观念，所以第一年我奉承的理念就是：越多越好。做的事情越多越好，学员的人数越多越好，尝试的领域越多越好。我曾经在网上说："过去的每一天，我都竭尽全力，没有辜负任何一天。"每天都在超级努力地做事，然而到了2020年年底，我在梳理和反思过去一年的工作时，突然呆住了：我做了那么多事，但真正让我有价值感、真正让我开心的却少之又少。

为什么呢？我每天都在竭尽全力啊？后来我把每一件事都列出框架，发现其中有一个很重要的环节是：我在不该花费力气的人身上浪费了太多的时间，加上我喜欢和自己较劲——当我发现一个人怎么也拉不起来的时候，我不会放弃，反而会激发更大的欲望再帮她一下。事实是，如果人不对，除非你花费很长时间，否则这个人基本没有变化。

让我那么愿意在不合适的人身上花费时间，现在想来，有两个原因：一是因为我知道创业艰难，所以珍惜每一个用户，希望日后可以有长久的合作；二是我对人的习惯抱有太天真的想法了，我以为只要有人督促你，教给你方法，甚至亲自带你，就一定会有结果。现实给我的答案是：你不可能拥有所有的用户，只有内心有所偏袒，才会拥有一批真正属于自己的用户，不要平均施力，要有特殊关照；一个人的整体素质在23—30岁之间就基本定型了，如果他本身负能量大、学习能力差、素质低，别说一个你，就是十个你都救不了他。因为他的生命中路过了成千上万个你，才成就了仅此而已的他，咱们收起拯救世人的心，救自己比较好。

当我想明白这一点的时候，全身轻松，在2021年这一整年，就是要学会"拒绝"。给自己一年的时间，看看是不是拒绝东西就减少东西，创业就会失败。如果失败了，那我就会转换思路，承认这一年做了错误的尝试；但如果成功，这个信条就会成为我坚定的价值观。

2021年过去了半个多月的时间，我拒绝了30多位学员，以前当他们问："我对写作没有信心，可以参加你的课程吗？"我会说："可以的，在写作中培养信心就可以了。"现在我会说："要不就别参加了吧，先建立信心再来参加吧。"

我还拒绝了三个合作：一个是做年度品牌顾问；一个是做读书大使；一个是帮助某平台机构的老师从线下转线上全流程服务。总的加起来，至少有50万元的收入，以前我会说："可以啊，我试一试。"然后就逼自己加班加点地完成。现在我会说："不好意思，我这一年集中做与写作相关的，和写作无关的，都暂时搁置，希望理解。"

"下班后老板给你发消息，该不该回？"这道辩题和我现在思考的内容很相似，我认为：不应该回！因为你要给老板展示你的底线，而我2021年开始拒绝，就是要展示我的底线和标准。

一个机构创始人的底线和标准，就是这个企业的文化，会影响所有的同事。当我学会拒绝，对学员挑剔的时候，他们也就不必每天为了拉来一个新的客户而委曲求全，这样，你们渐渐地就有了自己的竞争力。

Hey，见人说人话的女孩

吃饭时，我随手翻微信朋友圈，看到你在夸咱们共同认识的那个女孩有多优秀。你知道吗？看到时，吓得我赶紧点击你的头像进去又看了一眼：没错，是你本人呀。我为什么会怀疑自己看错了？是因为两年前，同样在微信朋友圈，在那个朋友最难的时候，很多人都说她赚快钱、搞噱头的时候，你骂得比谁都狠，话说得比谁都难听。

当然，我不知道这两年你们之间都发生了什么，不能下定论。只是我因此又联想到一件事，你也在我们的小团队里，每次我的助手给你发信息，你几乎从来不回复，无论发几条、事情有多紧急，但若是我给你发，你基本可以做到"秒回"。

我可能是个小人，肆意揣测别人，只是我很难不把这两件事放在一起。对不起，在这个节点，我认为你是一个"见人说人话，见鬼说鬼话"的人。也许是因为我的倔强，我认为"见人说人话"是对自己价值观的不尊重，是你没有做自己。

就拿我开头提到的那个女性朋友来讲吧。很多年前她开始一个人创业，在什么资源都没有的情况下，只能用一些噱头来冷启动，也经常分享和名人的合影。如果你经历过做任何事都从0到1的过程，你就知道这是很正常的，不是炫耀，而是冷启动的方式之一。你什么都没有，只能先喊出口号，然后去实现。

那个时候，她的很多学员在各种场合吐槽她什么都不懂，只是包装出来的。恰逢她那段时间创业也不是很顺利，团队整体换血，这时候，如果你有自己正向的价值观，可以闭嘴，或者站出来反驳其他人，但是你也跟着其他人一起摇旗呐喊，把她顶上小圈子的风口浪尖，试图坐实她的包装。

没关系，如果你从头到尾都认为这是包装也没有关系。三年后，她成了一个知名的KOL，而且公司名气非常大，你应该认为：这是个人品牌或者包装的胜利，或者可以评价为"她也许最初是包装的，但是过程很努力，很勤奋地实现了今天的成绩"，但是当你说出"她对自己的初心是如何坚定"时，就暴露了你根本没有正向的价值观。你最早说人家初心是包装，是想要成名，是想要赚快钱，可没说人家的初心是帮助她的学员。

随着经历的丰富，对一件事的认知肯定是有变化的，但如果你及早明白这一点，在人家在风口浪尖的时候，就不应该下结论。人的看法、认知会变化，但人的价值观基本不会变。当一个人见风使舵的时候，就说明她是一个价值观不稳定的人。

而我对这种人是非常害怕的，因为这种人不可控。

在过去的一年里，我遇到了好几个这样的人，并且都是身边人。别人说A好，她也坚定地觉得好；可是有一天她发现A有几件事没做好了，就把A贬到尘埃里去。这种不可控的人，既不可以做朋友，因为朋友之间总是要吐槽的，这些吐槽日后就会成为你的把柄；也不可以做合作伙伴或者同事，因为公司内部的事情会被她当作谈资。全世界知道后，你去质问她，她却说："我不知道不能说啊。"

我很讨厌那些胡编乱造的处世学的原因就在这里，它会让人变得不可控，也会让人变得不认识自己。社会技巧如过眼云烟，都是"术"，都会过时，也会被推翻，只有正向的价值观、人生观，才可以让你不断拥有人生的厚度，也才可以让你确认自己的价值导向。当你"见人说人话，见鬼说鬼话"时，你的生活中就会充斥着无数的人和"鬼"；当你只说人话时，你的世界没有"鬼"，只有人。

Hey，经常失眠的女孩

那天你突然问我："蒹依，你失眠吗？晚上睡不着好难过啊！"我看着这个问题扑哧一笑：终于有人来问我这个问题了。

我是一个长期失眠者，失眠到什么程度呢？晚上十一二点躺下，可能凌晨五六点才睡着，尤其是生理期之前的那个晚上，一整晚都别想睡着了。

我像所有失眠的人一样，寻求过很多解决方案，比如加大运动量，让身体疲惫，方便入睡；睡前读书，让自己昏昏欲睡；吃褪黑素，用外物强迫自己入睡。结果都是：失败的，彻底失败。无论我多么想睡觉，只要我一躺下，脑中就有漫天的花朵绽放，各种各样的想法冒出来，比瀑布的威力还大，根本止不住。

2020年，我找到了和它相处的方式，就是：失眠就失眠呗，我不和你对抗了。我之所以会这样想，基于以下3个想法。

第一，我用了各种方式去对抗失眠，发现都没用，我只能妥协了。这世界的有趣之处就在这里，当你放弃反抗，承认无法改变现状时，生活就会给你一颗糖，让你觉得可以再跑一会儿。自从我放弃对抗之后，我发现开始由之前的三四点钟入睡，进步到一两点了。还是满脑子的事，那就想呗，天南地北地想，直到累了，也就毫无知觉地睡着了。

第二，某一次回家，我和爸爸聊起来时才知道，爸爸也是一个长期失眠的人。他比我更厉害，失眠了几十年了，也有很多时候彻夜睡不着觉，他想到的方式和我一样——无欲无求，愿意怎样就怎样吧。爸爸今年五十多岁，觉得他的身体还可以，没有因为失眠而导致身体怎么样，我就觉得没那么严重，从生理机能上来说，没必要为此过于担忧。

第三，我在失眠的时候，想通了很多的问题。白天绞尽脑汁怎么也想不明白的问题，晚上解决方案自动就来了。这样的时候多了，我就开始专门等待这样的时刻，仿佛是上天来给我送礼物了。还有一个好处就是，白天我不会太为难自己了，想着反正晚上会有答案，焦虑感就没那么严重了。我没有研究过脑科学，不知道人和人之间大脑的兴奋点是不是不同的。我就是夜晚容易兴奋，有时候觉得晚上给我一道高三的数学题都可以解得出来。

也就是说，我现在觉得，晚上的我是被祝福的。夜晚时我脑洞大开，对身边人熟睡而我清醒，有一种感恩，仿佛它是一种才华，特别担心有一天它枯竭。

现在的我，一周里还有三四天是失眠的，我就趁机把想不明白的事情翻来覆去地想。有时候老天也很吝啬，可能知道我想投机取巧，马上就让我睡着了。没有答案时，我还会有种淡淡的失落感。

也许你还会问我："晚上不睡觉，你白天没有精力怎么办呢？"我可能就有点儿特殊了，无论我当晚有没有睡觉，第二天还是像个机器一样高速运转，可能工作已经成为我的身体行为了吧。但也是没有办法的，喝杯咖啡，接受它，也是我能给你的答案。

人生就是玩，给你什么样的身体设定，你就在什么角色里沉浸地玩就好了。

Hey，长年没有进步的女孩

前两天我们聊天不欢而散。原因很简单，你和我说今年计划转型做美学穿搭，按照我对副业的理解，我直率地说："我觉得你今年做一点儿这个，明年做一点儿那个，一定都做不好。"这句话明显伤了你的心。

今年，我一直告诉自己要戒掉想拯救一切的念头，不要试图去劝诫任何人：一来我的认知不一定是对的；二来说了也没用，让自己失望，何苦呢。但是后来又有一个女孩来找我，提到了年度计划这件事，我还是说说我对这件事情的理解，你们也别太当真，一家之言而已。

年度计划，我觉得有两个指向：第一种就是每年给自己一个新的挑战，比如今年我想学会滑雪或者潜水，明年我再学会插画或者插花，每年都给自己与众不同的新鲜活法，这是非常不错的，讲究的是"有趣"；第二种就是除了日常的生活和工作之外，想要搞搞副业，或者说培养自己的一个可持续的爱好，也就是说，讲究的是"有用"，希望它对你的事业、财富都能有所影响。

接下来，我主要说一下"有用"的，"有趣"的只要大胆去尝试，不受边界的约束，勇敢试错就好了，但"有用"是有方法的。

一、想要做到"有用"，就得可执行、可落地。

我看到很多小伙伴做的年度计划是日更公众号，或者每天写一篇文章，因为我在做这件事，我知道它有多难！过去好几年我都想做这件事，但就是做不到，如果一件事落地特别有难度，不一定对你有用。所以，你不妨改为每周写一篇文章或者每个月写5篇文章，这样才真正地可落地。类似的事情还有健身，你非要每天跑步5公里，基本这件事就成为"任务"了，还不如一周健身2次，轻轻松松地保持精进，就很好。

在2021年，我给自己做的年度计划有两个：

（1）每个月拜访5位老师，这些老师可以来自各行各业，越跨界越好。比如，我这两天拜访的就是一位某手机品牌的产品经理，和我八竿子打不着，我就想请教一下他对产品的思考。我想，一个月拜访5位老师太少了吧，后来我从流程上顺了一下，发现5个其实是多的，3个正好。但为了给自己增加有点儿挑战性，就设置了5个，跳一跳就可以够着，就是我的"计划习惯"。

（2）每月读4本历史书。2020年创业开始，我明显发现对我最有用的不是商业类书籍，而是历史书。我现在所走的路，所思考的东西，所犯过的错误，其实早就有无数的人经历过了，也都写成了文字，我想把它们找出来，"于我心有戚戚焉"。我每个月至少读8本书的，4本历史书是不是太少了？不，太多了！历史书对于我来说比较难啃，一周啃完一本，就很了不起了。

对目标松弛一些，其实会获得更多，也是你久经沙场之后的小智慧。

二、想要做到"有用"，还得可持续。

回到文章的开头，我为什么不建议那个姑娘做形象美学呢？因为她每年都换一个赛道，2019年创业，2020年读书，今年是形象美学。如果抛开"有用"的要求，我觉得没关系的，做什么都好啊，而且都是那么正向、有价值的事情。但是如果从"有用"的层面来考虑，就完全不是这回事了。

一个东西想要真正变得有用，一定要靠时间的积累，所谓的"一万小时定律"是有依据的。就拿自己来说，我大学写了四年的文章，基本上没有什么收益，但如果我毕业的时候，转换赛道，去专攻画画，或者专攻电影，我现在一定出版不了书，也赚不来稿费。我写作12年，到现在也不敢说写作水平有多高，因为要使它真正成为你的东西，必须不断深入，不断磨炼。我今年开始做"写作疗愈"相关的课题，发现原来我对这一块一无所知，还有很多的写作"黑洞"等待我去解秘。如果我不坚持，经常换领域，我很可能连这个"黑洞"都看不到。

在某个领域深耕下去，持续探索一下，才会真正有价值。前段时间看了一个采访，抛开罗老师"网红"的标签，我最感动的就是他对法学的持续耕耘，信手拈来，仿佛法学住进了他的身体里。对他来说，这些不是知识，而是日常生活，非常妥帖。还有最近大火的哲学教授刘擎老师，你看到岁月积淀下来的力量，在娓娓道来中，哲学观念为他所用，一切都是活的。没有几十年的深耕，怎么会浑然天成？

说到底，年度计划之所以没用，是因为很多人不是写给自己看的，而是写给别人看的，或者写给想象中的自己看的。承认自己有懒惰、拖延，承认自己意志力不强，然后给自己留出喘息的时间，选准赛道，一路狂奔，内耗减少了，你跑得也就更快了。

Hey，没赚到钱的女孩

每年的年底，都是一个很好的回望机会。前几天，我的脑海中突然闪现了几个年初对我说想要赚钱、想要做副业的人的脸，无一例外地，他们既没有做副业，也没有赚到钱。以前，我会认为如果一个人说"我很想赚钱"，是她真的想赚钱，毕竟能坦诚自己对金钱的渴望，说明还是有需求的吧。后来经过很多事情之后，我发现并不是。

口口声声说要赚钱的女孩，一般都赚不到钱；真正赚钱的女孩，都在埋头苦干。

我说过很多次，2021年我的目标是要赋能100个写作爱好者，让他们年收入过10万元。不懂的人会说100个太少了吧，懂的人才知道100个人太多了。我之所以明知道多还是选择100个，是因为想给自己一定的容错率，也就是这100个人里面，哪怕只有30个人真正赚到10万元，我也就心满意足了。所有在开始的时候都会信誓旦旦地要拼、要努力，过半年折损一半，过一年折损八成，基本是这样的规律。

那到底什么样的人才能赚到钱呢？作为一个在30岁前赚到两个100万元的人，也许可以给大家一点点建议，不一定对，也可能只对我有效。

1.必须有强烈的赚钱动机。很多人对赚钱有渴望，但是这个渴望是很弱的，是一种"有更好，没有也行"的状态。一个朋友每个月都还不上信用卡，每次租房子都得借钱，你觉得她会很想赚钱吧？不，人家不喜欢一份工作，说辞职就辞职，连工资都可以不要，这种人就属于对自己的生活不满，也没有能力或者懒得去改变生活的人。

我身边有强烈赚钱动机的人，大致可以分为两类：一类是因为要买房子、换车子、去旅行这样的需求而拼命赚钱的人，"为了房子拼命赚钱"抛开价值观不说，我身边大概有60%以上结婚的人都在为这个目标而努力；另外一类就是需要用赚钱体现价值感的人，比如我，我赚钱不是为了买房子，对高级的生活品质也没有诉求。我就是需要用收入来告诉自己这件事有价值、有前景，我很难拿一个没有结果的事情告诉自己："你很棒。"

"没有强烈的赚钱动机"这一点，我觉得可以刷掉80%的人，大多数人只是空有一个愿望，但动机是找不到，也不存在的。

2.必须要有自己的特长。无论这个特长是什么，都可以。比如跳水、洗眼镜、养殖都没问题。你有特长,才会有赚钱的可能。赚钱就是我替你做某些更专业的事来节省你的时间。

我和男朋友畅想未来的时候经常说,有了孩子,我不期待她的成绩有多好,但是我会尽全力培养她的一个特长,只要她有特长、人品好,我就非常知足了。现在很多妈妈也都在培养孩子的特长,但存在两个问题:第一个就是这个特长不是孩子的特长,也不是她的天赋所在,而是家长觉得她应该有的特长;第二个是家长对孩子特长的培养不够坚持,基本到了初、高中就断了,全部的心思都转移到了学习上。

我是特长的受益者,虽然这个特长并没有多么厉害,但是写作不但让我赚到了人生的第一个100万元,而且成了我终生的事业。当我想要远离职场的时候,我还有一条退路。

今年,我很高兴地看到身边几个从小在画画方面有特长的人,都开始捡拾起画笔,画面也成了自己的副业。有特长的人,比没有特长的人能够更快速地变现,也就更容易赚到更多的钱,毕竟很多没有特长的人困在"用什么东西"开始上。

3.肯下苦功夫去赚钱。我提到,我要帮助100个人凭借写作一年赚到10万元钱,有几个小伙伴问我:一年才10万元啊?我很惊讶:一个第一年尝试写作变现的人,能赚10万元都非常难,需要下很多苦功夫的,他们从哪里来的依据,觉得一年赚10万元很容易?

赚任何一分钱都不容易，即便你有名气，有地位，这世界上没有一个人赚钱是容易的。

我现在说自己靠写作赚了人生第一个100万元，你觉得很容易，可是我用了四年的时间啊！你以为我只是写写文章就可以了吗？远远不是。我也不担心别人如何迅速超过我，因为我知道这有多难，更何况已经有运气加持还是很难。

我很感谢我在农村出生、成长的经历，我很小就知道赚钱的辛苦，那些动辄月入百万的人，我相信是存在的，但我也相信他们也一定经历着未曾经历的东西。

倘若你觉得赚钱不是很重要，你没有什么特长，还吃不了苦，但你还天天想着赚大钱，那就约等于你等着天上掉馅饼，约等于坐享其成。但你有这么幸运吗？

FOR YOU

第五章

永远自律,

永远自由

你要元气满满,也要人间清醒

Hey，蓑依：你敢用一年的时间来试错吗？

　　这是我写给你的第一封信。按照计划，我应该会给你写10封，希望你收到信时是开心的，毕竟你开心的时刻很少。

　　今天我想和你聊聊你的30岁。

　　有人说，你30岁的时候会发大财，你曾深信。事实上，这一年，你付出了超过工作时4倍的精力，但收入也就比工作时翻了2倍而已。朋友告诉你，如果只是多赚了2倍，你却要付出4倍的精力，那不如就回去工作，而你安慰自己："哎呀，疫情期间我都能赚到这么多，而且是创业的第一年，挺好的。"

　　你对钱的态度，一直是我很喜欢的——很知足，可能是因为小时候太穷了，也可能是因为很早就积累了两桶金，有了底气。总之，不为金钱焦虑，是你30岁创业的前提。

　　它没有辜负你，给你的比赚钱还要多。在这一年里，你看清了人情世故；这一年，你也懂得了职场和市场的规则，更重要的是，这一年，你竟然敢任着性子来试错，太奢侈了。

在创业之初，你的师傅无数次地提醒你，要做精、做小，哪怕只做"职场公文写作"这个点，也可以让你赚得盆满钵满；而你自己也很清楚地知道，你很擅长写作，大家对你的认知也是可以成为作家。你完全可以从这个点切入，但你就是任性啊，你就是想走自己觉得可以走通的路。

于是，你试了个人品牌领域，真的是一个一个地手把手辅导过来。后来进入一个好的圈层，不用招生就可以满员，但是你感受不到快乐，非常消耗自己。于是，你果断选择了放弃。

你也试了做分院的体系，因为一个学员的信任，从北京来到深圳三个月。所有人都告诉你不要去的时候，你问："我去了能损失什么？"好像只能损失一两万搬家产生的费用，那有什么好犹豫的？去！事实证明：你现在还做不了分院，线下和线上是两个体系。线下还要从头再来，而你没有精力，也不想专注于线下。

我很喜欢你身上"及时止损"的品质，只要是你感觉出了问题，无论条件多么艰难，一定会及时止损，以至于最后没有损失什么。当然，过去的一年，不是所有的尝试都是不好的，还有很多的尝试挺棒的。

比如，你开始做自媒体了，尤其在停止了两三年之后还愿意开始，这就很不错。

比如，这一年，你没有求助过任何一个人。你就想看看不凭借任何人的帮助，不凭借任何资源，自己都会怎么样？事实证明你自己也是可以的。

比如，任何机会你都会抓住，并把它从小变大，所以有了主编的第一本合集的出版，这比自己出书还要有成就感。

比如，你真的尽全力过好每一天了，没有一丝后悔……

我希望你永远记得30岁这一年，风风火火，朝气蓬勃，拼命奔跑，义无反顾，活得像20岁出头的小姑娘。

我希望你永远记得30岁这一年，在你背后有一道道伤口的时候，你没有想过要放弃，你凭借着那份倔强挺着，直到伤口痊愈。

我希望你永远记得30岁这一年，父母健康、爱人陪在身边。是他们给了你所有的爱和安全感，让你做梦，让你披荆斩棘，让你获得荣耀。

我希望你永远记得30岁这一年，因为这一年，你才开始成为自己所期望的自己。

Hey，蓑依：无条件地爱，才能避免伤害

这是我给你的第二封信，想聊一个你以前绝对不会注意的话题：无条件的爱。

我发现，你挺讨厌聊"爱"这个话题的，作为一个超级工作狂，"爱"在你这里仿佛可有可无。就拿你弟弟来说吧，如果一个人认识你一年，可能都不知道你有一个亲弟弟，因为你从不提起他，也不联系他，你和他没有任何不愉快，但就是觉得没有必要，一直淡淡地相处着，偶尔有事的时候打个电话，仅此而已。

我总觉得你对"爱"的表达特别隐晦。有一天，一个姑娘对你哭诉，她被妈妈折磨得快要疯掉了。你问她："为什么不离开你的妈妈？为什么你还要联系她？"我觉得很少有人可以这么去挑战"母女关系"，但你说的就是你认为正确的解决方法。

在这种状况下，我们来聊"无条件的爱"多少有些可笑，你都不去爱别人，何谈无条件的爱呢。

这一切，还要从你最爱的工作说起。创业的第一年，你遇到最苦恼的问题是：为什么我选择一个 To C 的工作，而不是 To B 的工作？To C 的所有工作，本质上都是服务属性，每天要面对各种各样的客户询问，有些询问和质疑，让你觉得可笑又崩溃。而且因为是直接面对客户，你会听到很多只有负面、没有建设性的反馈，这个时候你会很受伤，即便你已经很强大，但也经不起每隔几天就有几个人质疑你。

你有两个运营，他们和你一样直接面向客户，无一例外地也被客户折磨得很痛苦，你不断听到他们抱怨："怎么连这个也不会？怎么会这样想？怎么这么不配合？"有一个运营还专门买了一个解压神器放在桌子上，就为了发脾气的时候能够释放一下，然后再微笑着说："好的，没问题。"

前段时间，你们的小程序上线，有一个运营几乎每天都睡不着，不是因为担心没有做好，而是担心客户提出的各种各样让人欲哭无泪的问题。你们每天祈祷，但依然遇到各种鸡毛蒜皮的问题，比如"我的手机内存不够怎么办？""我不会使用word怎么办？""我不习惯使用小程序怎么办？""我家信号不好怎么办？"

直到有一天，看着脾气特别好的运营再一次被这种琐事折磨得烦躁不堪，也不知道哪里来的力量，你对他说了一句："无条件地爱别人，这样你就不会受到伤害。"这句话蹦出来的时候，你自己都吓了一跳，你怎么能说出这种话来，完全不像你的风格。但这也许就是你过去一年的所有经验汇聚的智慧吧。

是的，你之所以会痛苦，是因为对别人的爱都是有条件的：你爱你的学员，条件是他配合你，按时完成任务；你爱你的合作伙伴，条件是他尊重你，为你的利益着想；你爱你的伴侣，是因为他爱你，义无反顾地包容你。可是，一旦有条件，你就一定会受到伤害，因为条件是永无止境的计较。

这是个大智慧，我觉得你也没有完全想清楚，但是我很开心，你"入境"了。

最近这段时间，有好几个竞争对手来参加你的付费写作社群，如果发生在以前，你一定会想办法把他们驱赶出去。我还记得有一次一个微商来参加，目的很明确，就是为了认识新的学员，试图来成交一些代理，当你发现他这个意图的时候，你真的驱赶了他。你说服自己的理由是：我要为我的学员负责，不然他们会以为我和这个微商是朋友，我赞同这件事。你看，这就是有条件的爱，我不允许这个微商成交我的学员。事实上，成交不等于伤害，而这个微商也有成交任何人的自由。

这一次，你张开怀抱，欢迎他们。你对他们的爱是无条件的，你全身心地接纳，因为这才是你唯一能做的。

"无条件地爱"，不是多么高尚的词汇，而是你自我保护的方法。因为你对别人无条件地爱、无条件地帮助、无条件地付出，你就能避免伤害；因为你没有条件，没有预期，也就没有失去和失望。

　　罗杰斯说："爱是深深的理解和接受。"没错，你深深地理解到了每个人的局限和不容易，深深地理解到了你的局限，所以你全然接受，当你接受时，你更多了收获爱的可能性。

　　我很喜欢一位心理学家说的话："无条件的爱，其实你在做自己的时候，顺便给到别人爱。你看，太阳给予人类和植物的爱就是无条件的，但是太阳有在爱人类吗？没有吧？太阳只是在做自己，它喜欢发光发热，顺便对人类和植物构成了爱。"

　　是的，你可以成为太阳，发光发热，然后顺带着完成了对其他人的爱。

　　你要记住：你是太阳，当你越包容、越接受，你就会越耀眼。

Hey，蓑依：生命的意义是什么？

这是我写给你的第三封信。有点儿可笑，我竟然要和你探讨生命的意义了。

你是一个非常务实的，脑海中只有"当下"，没有"过去"和"未来"的人，也是一个不需要意义和价值就会自我撬动的人。我们从来没有讨论过这么宏大的命题，我知道你不喜欢，但是咱们可以试着聊一聊。

前几天，你和一位你很敬重的出版人聊天，他说："人生在世，无非两个字——制衡。任何事都要追求一个平衡，如果不平衡，就制造平衡。"人家说得没错，随着你年龄越长，感受也会越深。但是你的那股倔强劲儿又来了，在人家以"你先忙，之后聊"试图结束谈话时，你非得告诉人家："我觉得对我而言，最重要的两个字是热情。如果没有热情，我的生活就没有色彩了。"

这句话与其是对他说的，不如说是对你自己说的，你必须给自己一个答案。

他安慰你："如果你以这个观点作为一本书的主旨，这本书会比较难卖。因为大多数买这书的人，做不到热情，咱们得取一个普罗大众的审美观作为标准。"

你的做法是："那好吧，我不写这本书了。如果不能写我自己信任的东西，那还是换个主题吧。"

是的，热情是你所有的力量所在。在过去的一年里，我看到过你无数次刚刚和别人因为工作的事情吵完，马上就拿起电话处理另外一件事，且迅速进入状态，以至于男朋友都评价你："根本不像个人，和机器一样。"如果机器需要燃料和能源，那你只需要的就是：热情。

为什么热情对于你那么珍贵呢？归根到底，我觉得是因为你总是有一种匮乏感。这种匮乏感不是物质上的，而是生活方式上的。

小时候你特别不喜欢吃鱼，长大之后，你喜欢吃各种各样的鱼，甚至专门跑到一个城市只为吃鱼。为什么呢？因为小时候，你家只会做清蒸鱼，而且因为技术不够好，真的就只是"清蒸"，没有鲜味，连咸味也没有。后来你到杭州上学，最开始的一段时间也不爱吃鱼，确切地说是不敢吃鱼，担心不好吃。某一次尝过之后，你大开眼界：怎么会这么好吃？那是你第一次觉得这个世界上同样的东西会有不一样的味道。当时你的舍友都在旁边，像看着一个从来没有见过鱼的小孩一样，问："你是第一次吃鱼吗？"你异常激动地说："我第一次吃这么好吃的鱼。"舍友们真的是"嗤之以鼻"，吃一条普通的鱼就激动成这样，真是没见过世面。

后来，你有机会去看各种各样的海，给你的感觉和"鱼"是一样的——都不过是水形成的流域而已，每片海都有不同的颜色、不同的声音、不同的味道、不同的脾气。这世上不只一种海。

研究生毕业后，你开始做电视节目，更是遇到了无数条"鱼"。"怎么会有这样的人啊？""哇，这个人好有趣，我要让他来上节目""这个人的想法很特别耶！""这个人好讨厌，不过他说的有道理"，无数人以无数种方式进入你的生命，你大口呼吸，仿佛要嗅掉这世界上各种人的味道。那种被各种颜色的人灌注的感觉，让你觉得活着真好，可以借由一个个故事，打开一扇又一扇的门。

很开心的是：从你吃西湖醋鱼开始，生活的热情在节节升高，并没有因为你已经不那么匮乏了而有所降低。有时候你可能会想：反而是经历得越多，越觉得自己匮乏；越想去探索，越有对生命的热情。就这样，挺好的！永远保持好奇，永远期待奇遇，永远匮乏。

是的，既然所有的生命都要死亡，我们唯一能把握的就是过程。你会希望这个过程永远充满不确定性，你会拥抱伤害和挑战，你还会做好准备接纳新鲜和有趣。

你才30岁，对生命的追问才刚刚开始。

Hey，蓑依：没有写作，你会怎样？

这是我写给你的第四封信，聊一个一直存在却总是被你忽视的话题——写作。

不得不说，你所有的幸运都来自写作。

上中学时成绩不好，但因为你写作好，让老师和同学刮目相看，成为学校的名人，反而把其他科目的成绩也提上来了；大学一毕业，发表了几篇阅读量10W+的文章，机缘巧合下出版了第一本书，而且销量不错，让你后来不管是考研调剂，还是找工作，都因为出版过作品而异常顺利；辞职创业，写作也成了你的竞争力，哪怕你过去的一年没怎么在写作上投入，但它就像非常爱你的恋人一样，你朝三暮四过后，一回头：它还在等你，你终于决定和它携手一生了。

在过去的很多年里，你听到过无数人说有个作家梦，司空见惯之余，你会觉得你现在拥有的是"应该"，而不是"幸运"。我希望你永远记住：它是上天给予你的礼物，非常珍贵，你必须珍惜。

而且我也希望你能知足。哪怕你创业不成功，哪怕你做很多事情都失败，哪怕你的家庭出现问题，你也要记住：此生，你有写作已经是最大的幸运。如同那句话："当你觉得没有鞋子穿的时候，别忘了有些人是没有脚的。"不要去看那些别人有而自己没有的东西，多看看自己有而别人没有的东西，就会获得一颗平常心，也就更容易获得人生的幸福。

你想一想，假如你的人生中没有写作呢？

没有写作，你的人生就没有光。现在的你，无论处于多么困顿的生活中，总体感觉是有光的。那种光是一股劲儿，你仿佛永远有东西在追求，你也总是有那么一股做出不一样东西的劲儿。

记得有一次你去采访一位女企业家，那位企业家趾高气扬、干练十足。你的工作人员好心提醒你："你也起个范儿，别让人家小瞧了。"你回应说："一个人有没有能力，不在乎外在的这种范儿，只要一聊天，就会知道这个人到底有没有东西。"果然，女企业家还是见多识广的，在深入聊到一个话题的时候，你一针见血地指出了她的软肋，瞬间感觉换了一个人。

你对自己的定力是很有自信的，而这股自信，就是来源于你长年累月地写作、思考。你用尽了自己能使出的所有力气，如果还是不行，你也就认了，但写作是你唯一付出努力就能拿到结果的事，所以你不用怕人生没有可期盼的，只要认真付出就好。

前段时间你看了王小帅导演的《地久天长》，眼泪哗哗地流，不是故事多么感人，而是你永远也达不到那种叙事水平——那么隐忍，那么悄无声息地撕扯，那才是真实的人生啊，平静当中暗藏着惊雷，可是日子也得就这样一天天地过着。你知道你永远也写不出来，就像人的出生是带有基因的，创作也是有基因的。靠情绪创作的你，走不到那儿，而那儿才是你理想之所在。这种"爱而不能"的感觉，也许就是惩罚你在生活中带给别人的坏脾气吧。

没有写作，你也就没有了根。你不迷茫、不矫情、不拖延的底，都是写作。

你和别人说写作是一种技能，但是对你来说，写作是精神支柱，这个柱子垮了，你也就垮了。到目前为止，我敢确认的是应该垮不了，你用了12年来建造它，它想要垮也没有那么容易。

还是那句话，我希望你敬畏写作、珍视写作。如果你真的懂了这句话，一生践行的方向就异常明确，就不会怀疑自己，就会很坚定地前行。

所有对前途的担忧，无一例外，是因为没有懂得这句话，我希望你任何时候都记得。

Hey，蓑依：爱情需要互相给予

这是写给你的第五封信，今天咱们就来聊聊爱情吧。

提笔写这封信的时候，我的耳边萦绕着爸爸说了无数次的那句话："哎呀，我再也没有见过比小丁更好的男生了。"如果放在以前，你肯定会反驳，但是在一起三年之后，你也认可他是世界上最好的男人那一梯队的。

有的男人是三个月的好，有的男人是三年的好，有的男人是一直都好。

他给你最大程度上的自由。无论你想吃什么，想去哪里，或者想要换个什么样的工作，他都全力支持，并且在自己最大限度内配合。如果遇到他不能理解的事情，也不会先反驳你，而是先保持沉默，不理解的就不表态。

也许在以前，你会觉得这样的男人好没有态度啊，怎么你做什么他都说"好啊"。随着阅历渐长，你才懂得：这就是真正的男人的态度，每一声"好啊"背后都有委屈、包容和担当。当他在支持你的时候，倘若结果不好，他知道要担起责任的不是你，而是他。

前段时间你去深圳谈合作，他告诉你："没关系，如果结果不好，我找一份收入更高的工作就是了。苦点、累点算什么，只要赚钱就可以啊。"也正是有了这句话，你才会义无反顾地去尝试你想尝试的。

你很明白一个道理：在情感关系中，如果一个人有特别大的自由，另一个人的自由度一定会小很多，因为他在给你空间。而"自由"又是你在生活层面最看重的东西，你任性、想做自己，想什么事情都顺着自己的心意来，他用全部的爱来成全你，你才可以义无反顾地去实现自己的梦想，活成自己想要的样子。

他把你最想要的东西给了你，而你呢？你把他最不想要的东西给了他。

他最想要的东西就是你稳定的情绪吧。然而，对于你的情绪，他也许真的怕了。

你天性敏感，加上写作的关系，你异于常人的情绪不稳定，特别爱生气，很多时候不是你想要生气，而是你比别人更较真，也比别人更能立刻看清事物的本质。"难得糊涂"，这是我最想跟你说的一句话。你要学着"装糊涂"，你要学着"迟钝"，不要那么"聪明"，不要那么"一针见血"，给别人一点儿面子，你的情绪就会稳定很多，别人也会舒服很多。

如果他有时候想偷懒，你就让他偷懒，而不要去指责他："你要想偷懒就直说，不要用这种幌子，很假。"站在他的立场上，可能不好意思说"我想偷懒"，只是随便找一个借口，大家心照不宣就好，你不必较真。

说句也许别人会觉得吹捧的话，你是一个情商很高的人，但是这句话有一个适用范围就是：对工作伙伴、合作伙伴、萍水相逢的人、学员、有点儿关系的亲戚等。但你的情商基本不用在最亲近的人身上，你太想在亲人面前做个孩子；你太想在亲人面前肆无忌惮；你太想亲人是你自由的温床，可是，你明知道这是最错误的。我宁愿你换个位置：对外人都低情商，对家人高情商。

说到底，"情商"对你有适用范围，是因为你不愿和别人打交道。你不喜欢和别人相处，就想一个人待着，这是最适合你的生活方式。但是社会不允许你这样，所以你从职场上、人际关系上被迫学会了所谓的"情商"，但那个游刃有余、对谁都有分寸的你，不是你所喜欢的。

你从来不想做一个人人都赞美的、很有分寸感的你，你想要做一个残缺的、有冲突的人，你觉得人就应该如此。但是社会不给你机会，你也没有胆量冲破它，那就一边兢兢业业地学习提高情商，一边勤勤恳恳地收获情商给你的福利吧。

但是爱情需要互相接纳，当他把你最想要的自由都给你的时候，你可不可以拿出你的稳定情绪或者高情商给他？凭什么人家把所有的东西都给了你，你却不想让步半分，做人不应该是这样的。这样对他不公平，你又怎么谈得上是很爱他呢？

如果你很爱他，就尽力给他最想要的，而不是给他很多他本身没有期待的东西，哪怕这个东西你非常难做到，也要尽力地争取。因为人家也把自己非常难做到的给了你。或许，不是做不到，而是不想做，可如果你不想做，你可能就会失去这份爱。因为两个人之间只有一个人在付出，他再爱你，也会累的，也会有想要放弃的一天。

很高兴，你能想到这些；很高兴在过去的一年里，你身边的其他人也在变着花法儿告诉你这些；很高兴你愿意负起一点点责任，为了两个人的爱情。

趁着你们相爱，趁着你们的生活才刚刚开始，趁着你们有着充满梦想的未来，请一起为爱付出吧。

Hey，蓑依：你的土地需要休养生息

我计划给你写十封信，这是第六封。正值2021年春节期间，你刚刚从深圳回到老家，换了一座城市，换了一个节奏，正好和你来聊一聊"休息"这件事。

前两天，某平台做了一个统计，你在2020年直播了140次，166个小时。也就是说，平均两三天就要直播一次，这还没有算其他的直播平台。我相信你也很惊讶，一方面，怎么可以有这么多的东西想要输出呢？另一方面，你应该想起了2020年10月份发生的那件事吧。

一天晚上，你在上直播课，上到一半的时候，你看着电脑上的PPT，突然一个字也不认识了。大脑一片空白，世界仿佛在你面前停滞了，这也是你人生中第一次遇到这种情况。不过好在几秒钟之后，你就恢复了，虽然讲起课来明显感觉不对，但还是挺过了那一节课。

其实，又何止是那一次呢？2020年，你有很多次觉得"脑子疼"，高强度的脑力劳动，让你有些喘不过气来，导致生理上都出现了反应。但处在那个阶段，没有办法，只能硬撑，因为一旦你停下来，员工的工作也会停下来。除了坚持，你没有其他方法。

在那段时间，很多人见到你都说："你怎么胖了这么多？"你开玩笑说："吃得多，动得少。"但你没说出口的是，你哪里有时间动啊？整天都在工作，应对疲惫的唯一方法就是吃，吃碳水化合物能够让你快乐一点儿。

说实话，那段时间应该是你过去30年最累的时候了。在某个节目组工作时也累，24小时几乎不睡觉，但那种累是大家一起累，出了问题有一个团队在帮你；现在是所有的事情都由你自己来做，出了问题也得自己来扛，压力不在一个层级上。

好在你去深圳过了三个月。从整个事业发展的角度上说，去深圳这三个月没有多少意义，但是从你整个的成长节奏来说，去深圳是非常正确的选择。

也许是因为住的地方不在深圳市中心，导致你感受到的整个节奏都是慢的，远比在北京要慢。因为这种慢节奏的氛围，你也在调整自己的事业节奏，把不需要的业务砍掉，工作上的事各都收紧、汇聚，你度过了一段很舒服的时光。

在深圳的三个月里，你只开了三四场直播，还不如过去一周开得多，禁不住给你点个赞：也许别人觉得你偷懒了，但你知道这是休养生息。所有人都关心你跑得快不快，挣了多少钱，只有自己和非常亲近的人才会关心你累不累。

昨天晚上你看了一段采访，自媒体人徐老师说了一段话，特别打动你。他说："人要休息，本质上其实是'地'要休息，就好像农民种地一样，农民必须休息，因为'地'是需要休息的。你不能每时都在上面耕种，你得给它一个'养'或者说'恢复'的时间。"

现在互联网上人没有"地"，到处都是机会，可以随意开垦，也就不用休息了。就像你一样，你其实是可以不用休息的，因为每个月都可以招收学员，这一批学员走了还有下一批，只要想开垦这块地，就一定有作物会长出来。这是错误的观点，因为你的"地"或许不需要休息，但是你的身体需要休息。

有时候灵魂跑得太快，身体会跟不上。2020年，你身边的好多人都说你特别容易感冒，而且明显感觉精力跟不上了。可不是吗？快30岁的人了，身体真的开始吃不消了。前两天，你向妈妈吐槽你的跳绳技术很差，妈妈说了一句啼笑皆非的话："那是因为你年龄大了，就不适合跳了，像我50多岁，一个都跳不起来了。"虽然这句话值得商榷，但确实也是从一个角度展现出身体一点点在衰退的迹象。

你身边很多创业者都在疯狂赚钱，拼尽全力去实现自己的价值。但是你现在想明白了：人生就是一场持久战，事业也一样，你想要打得久，而不是打得快。你想要干一番事业，而这个事业没有一二十年，是看不到结果的。既然如此，你就慢慢地、稳稳地来吧。

很开心看到你每天放下手机，大量读书，像渴了很久的人一样，给大脑输送能量；很开心看到你开始做一件事，而不是很多件事，并且在这一件事上投入了过去用于好多件事的精力；很开心看到你不在乎别人的节奏，无论他人怎么赚钱、怎么拼搏，那是他们的事，你有自己的节奏，只要你觉得舒服，就是最好的。

很开心，在你离开自己很久之后，又回来了。

Hey，蓑依：永远自律，永远自由

转眼要给你写第七封信了，好快啊。写这封信的时候，是腊月二十六，离过年还有4天。昨晚你又是到了凌晨三四点才睡着的，中午吃过饭之后，就坐在书桌前写文章。

不知道你坐在书桌前的时候，有没有一眼万年的感觉。在这个白色的书桌前，你写了9年了。昨天爸爸说起你们搬到这个房子里已经9年了，没错，你也在这里写了9年。几乎每一个回家过年的日子，你都是在读书、写作、看电影中度过的，几乎没有社交，也懒得热络，就一个人待着。

身后的书架上，摆着你写的4本书，而你此刻在写你的第6本书。时间真的太快了，谁能想到这9年的时间，你从一个大学生"写"成了创业者呢。的确是"写"成的，你现在所有的收入、读者、骄傲都是"写"出来的。你写坏了两台电脑，写了几百万字，写成了30岁很满意的自己。

前几天有个编辑想要约你出一本关于自律的书，你欣然接受了可以非常坚定地说，你就是一个超级自律的人。而这个自律，在很大程度上是写作带给你的。日复一日的写作训练，让你能够瞬在间安定下来，进入到"自我学习"的空间中。

有时候为了搜集素材，你晚上会看一些文化类的综艺节目，如果有一架摄影机拍下来就好了。那个画面是：10点，你一边用电脑放着综艺节目，一边拿着笔在本子上记着里面能够给你的写作提供素材的内容，而这样的时刻，几乎每天都有。所以有时候你听到别人连搜集素材的工作都不做，会觉得特别可笑，甚至很想说一句："你连写作的门都没进入呢。"这不是趾高气扬，而是对写作、对自律的敬畏——它没有那么简单，需要日复一日地成为肌肉记忆。

一天，你看了记者采访许知远，他问："你做《十三邀》采访了那么多人，会不会让你的思考有了更宽的疆域？"许知远的答案给我的印象极为深刻，他说："我的思考不是来自采访，而是来自写作，我都是在写作中完成思考的。"写作人的高度自律就是保持着对"思考"的勤奋，这也是这么多年我最受益的部分。很多时候写作不是为了发表，也不是为了让人拍手叫好，只是我必须每天思考，不思考的一天，没劲儿。

我也有读书的习惯，在读书上也非常自律，最差的情况是一周读两本书，但即便如此，我必须承认：写作的自律远比读书有效、辛苦。输入总是简单的，是被动中加一点儿主动，而输出总是难的，基本上就是一个完全主动的过程。因此，几乎没有一个作家是不自律的，这也是你有那么多以为自己爱写作的学员，对此你很存疑的原因所在：如果你都不是一个自律的人，何谈真的热爱写作？

自律的背后是对生活的绝对掌控权。你对生活是否有话语权，是否有安排的能力，都基于你是否对自己有管理的渴求。有些人说，自律对自己太苛刻了。大错特错，自律的背后是真正的自由，是你会拒绝不合适你的，是你会把最重要的优先完成，是你给出合适的时间让自己舒服地休息。自律不会让时间变短，而是会把时间变长。

你真的要好好感谢写作，它带给你的自律特质，又延展到了读书和运动上，也形成了很好的习惯。今年都因为受疫情影响，你只能居家运动，还保持着每天5000次跳绳，不为别的，因为不运动就不舒服，你内心是坚信必须要管理好自己的身体和精力的。

所以，你的经验是：不要空谈自律。每天早起、早睡、读多少页书，都不能算是自律。

自律是你在一件事上能坚持下来，也得到了优质的反馈，然后再推及其他领域。绝对不是东边一下、西边一下，坚持几个月那么简单。

能做到自律的人少之又少,没有各个平台上宣传得那么多,那种肤浅的坚持充其量只是给自己"打鸡血"而已。

真正自律的人,都在你看不到的地方,孤独地、快乐地成长着。

Hey，蓑依：别逃避悲伤

这是我给你写的第八封信，今天我们来聊聊悲伤、痛苦、难过这些不那么让人觉得舒服的方面。

一天晚上，你读书时看到阿加莎·克里斯蒂的一句话："当我们安然走过这世界，才能明白，人生来为了喜悦，也为了悲伤。"这句话击中了你的内心。是啊，过去一年你一直想要的只有快乐、喜悦、兴奋，总是下意识地拒绝接受任何悲伤的事情，唯恐避之唯恐不及，可是，这真的是合适的吗？

悲伤和快乐如同一个人的双臂，你为什么要自断其臂呢？其实当我发现你有这个习惯的时候，我是特别失落的。你知道作为一个写作者，很重要的一点就是对悲伤的咀嚼吗？不是矫情地沉浸其中，而是能从中咂摸出一点儿人生的况味来，可是你却在渐渐地忘掉这件事情，多么遗憾。

如果说对新的一年，或者30岁之后的你有什么期待的话，我希望你全然接受悲伤，就像接受你有两只手臂一样，大大方方。

接受悲伤，意味着你清楚地明白，你不是一个完美的人，你有很多缺陷，也会给人造成伤害。你一直不希望别人认为你是一个完美的人，这不正合你意吗？你就是会做很多做事，会犯很多错误，会让很多人对你失望，这太正常不过了。不要想着去遮掩，也不要想着被捆绑，接受这些暗色的部分，你的光亮才会更耀眼。

接受悲伤，意味着你不再只关心别人得到的而你失去的。我看到过一句话："多数人悲伤，不是因为自己失去了，而是因为别人得到了。"接受悲伤，就是接受日子是自己的，偶尔也可能会艳羡别人的生活。没关系，羡慕也是人生的一部分，去羡慕、去悲伤、去失落，但不过分放大。累的时候就回过神来，看看自己，好像也还有不错的工作、不错的房子、不错的恋人，悲伤就会在可控的范围之内。

接受悲伤，意味着不再内耗。英国悲伤治疗心理学家茱莉亚·塞缪尔说："真正伤害着一个人和一个家庭甚至一代人的，并不是悲伤所带来的痛苦，而是他们为了逃避痛苦所做的事。"真正的悲伤不会带来痛苦，反而是逃避悲伤更痛苦。失恋不会让你太过痛苦，反而为了避免失恋所做的事情，会让你更痛苦。2020年，你本来可以斩钉截铁做的一件事不会让你痛苦，反而是持续纠结了半年，痛苦翻倍，持续内耗让你非常疲惫。

接受悲伤，意味着你清楚地明白：人生没有什么是过不去的。悲伤并不可怕，悲伤总会过去，你躲避它，是因为你担心这个坎儿迈不过去。放心，亲爱的，时间会让一切得到解决，更何况人生难得糊涂呢。

接受悲伤，意味着你懂得：悲伤如常，就是人生。在电影《这个杀手不太冷》中，玛蒂尔问里昂："生活是不是永远艰辛？还是只有童年才这样？"里昂回答："会一直如此。"别逃避，别躲藏，藏也藏不了。20岁有20岁的悲伤，30岁有30岁的悲伤，一般来说，年龄越大、经历越多，感受到的悲伤就越大，众生皆苦，如常而已。

我相信从你的文学审美中，会懂得悲伤是更有质感的东西。既然终究要发生，就坦坦荡荡地接受它、拥抱它。

你要记得：悲伤更能让你接近自己。不愿你更悲伤，愿你遇到悲伤时，大大方方地打个招呼，毕竟还要一起面对生命漫长的岁月，谁也别盲目自信。

Hey，蓑依：你想要一个怎样的家？

要写十封信给你，现在是倒数第二封了。正值2021年的春节，我想和你聊一个可能现在距离你有点儿远，但是你已经想过很多次的问题：未来，你想要一个什么样的家？

最近你刚从深圳搬回北京，面临租房子的问题，幸运的是朋友给你推荐了一个特别好的选择，精致程度堪比样板房。你非常喜欢，户主也极力推荐，你看了视频之后，对男朋友说："咱们之后装修也按照这个风格来，一比一临摹都没问题。"只是，你停了一下说，"不对，咱们得有一个书架。"

对，没有书架的家，不是你的家。去年你们搬入了一个新房子，当时男朋友花了好几天时间给你组装了一个书架，把你的书妥妥地安放上去，他觉得你就应该有一个书架。回想起来，这份"懂得"你也是应该感恩的。

我为什么今天想写这个话题了呢？刚刚喝茶的时候，你算了算这个月写了多少文字。这个月过去不到10天，你读了10多本书，写了四五万字。你想，到底是什么让你能够安静下来写东西呢？你找到的答案是：家庭氛围。

你的家庭挺无趣的，一日三餐大家聚在一起吃，然后各自回到自己的房间休息。弟弟在房间里打游戏；爸爸开着电脑学习如何维修电路，这是他最近想要学的新技能；妈妈偶尔打扫房间，或者出去社交；你在房间里看书、写东西。一家人很可能一下午都说不上一句话，这样的日子，你们一过就是几十年。

但就是这样的日子，给了你极大的空间。你的房间和客厅一墙之隔，但是客厅里没有电视机的声音，没有聊天的声音，只有茶叶沸腾的声音，这种安静给了你极大的自由。

未来如果你有一个家，这个家不应该是热络的，应该是每个人一个房间，去做自己想做的事情，互不打扰，也不为了表达关心而刻意寒暄。在家里每个人都是亲人，但也都带着自己的小宇宙在生活。

除了每个人一个房间，家里剩下的就是书架。也许孩子不喜欢看书，也许有一段时间你也不太想读书，但是书必须在你的家里。有书的地方，人就容易静下来，人就容易变得更好。

在农村出生，几乎99%的家庭都是没有书架的，甚至没有一摞书。如果他们愿意让我给他们一些建议，我会说，去买一些书摆在那儿吧。哪怕是当作装饰，也好过没有。说到装饰，我真的没见过比书更好看的装饰物了，书脊之美，是至美。

也许有人会说，你们在北京生活啊，既想每个人有一个自己的房间，又想要一个大书架，怎么可能？怎么不可能！即便北京的房价很高，爱读书的人一定有能力买下属于自己的书架和房间。退一步讲，哪怕是租房，也能完成这个心愿。书是我确认家的标志，有了书，在哪里住都一样。

我的读者基本上都是爱读书的人，可是我做过一个调查，在家里有书架的人几乎不到20%。理由是搬家太麻烦了，现在都读电子书了……只是人不应该只看到眼前，还应该看到未来对孩子的影响；不应该只看到具体的东西，还要看到潜意识对孩子的影响。当你批评你的孩子不喜欢读书、只知道玩手机的时候，先问问自己：有没有给孩子买一堆书，并且摆在书架上。

别把书藏在柜子里，大大方方地摆出来，书架上、书桌上、床头柜上，沙发上……我很喜欢主持人王芳的育儿方式，她就随意把书散在地上，孩子读完了就收起来放在书架上；读不完就散在地上，走起路来是有点儿麻烦，但是书是和孩子待在一起的呀。

无须敬畏神明，敬畏书就好了。

Hey，蓑依：你要相信30岁的人生更精彩

这是给你写的第十封信。写完这封信，想对30岁的你说的话，基本上就说完了。

从某种程度上说，你很满意现在的生活：有爱人，在喜欢的城市里打拼，做着自己喜欢的事业，还有不错的生活。昨晚和高中同学一起吃饭，你们都惊叹：从20岁到30岁这十年的变化好大啊。

可不是吗？这10年，你们考上大学、大学毕业，考上研究生、研究生毕业，走进职场、跳槽，人生各种"跃迁"式的经历都发生在这个阶段。你听到同学说，30岁之后人生可变化的东西就少很多了。你心中某个地方咯噔了一下，你不相信：凭什么过了30岁之后的人生就会进入某种程度的"静止"状态呢？30岁之后的人生难道不能更精彩吗？

我感受到了你内心的热情——不满足于现在的生活，你就是

要"折腾"。人就活一辈子，就像写一部小说，你要让这本小说都是跌宕起伏的情节，而不是后半部分只有大段的抒情。

同学谈起非常羡慕一个同学——他们在上海安了家，住着大房子，开着很好的车，而且两个人都是公务员，有着稳定的工作。按照同学的评价是："越老越值钱，过20年再看看，人家不知道能到什么职位呢？"你顺嘴说了一句："我觉得她本应该比这还要好。"又补充道，"当然，一切都以她开心最重要。"

这是别人的人生，你怎么可以直截了当地给出建议呢，本来就是冷暖自知的事情。但换作是你，一定不会过这样的人生。因为不同职业经历的丰富性以及所感受到的生命力是非常不一样的，你想体验那种靠自己从无到有的过程。这也许是所有文艺青年内心深处的一个渴望吧。

一个同学说了一件特别有意思的事。他说这几天正在看你的第一本书，里面提到的很多故事都是关于高考的、读大学的以及考研的事，其他的基本就没有了。你说今年出版新书之后再送给他一本，他会看到你在工作中是如何摸爬滚打的，如何跳槽的，又是如何开启"不知天高地厚"的创业之旅的。所以，你很希望等5年、10年、20年之后，再出版无数本书的时候，可能有本书是展示你在国外生活的，有可能是去做公益的，也有可能去做了一个你现在想象不到的职业。

总之，你就是追求极大的丰富性，甚至不需要深刻，因为

"丰富性"本身就是你的生活。生活有各种色彩和姿态，不需要深刻，走马观花也是可以接受的，就像你的人生中有很多小牌牌，上面写着"到此一游"。

这种"丰富性"背后的东西是非常累的，你要不断面对未知，不断去和新鲜的事物相处，甚至不能按照多数人的生活轨迹来走。但所有的事情不都是有舍才有得吗？你想要丰富性，就要接受这种累。换句话说，这就是你的宿命，你不接受也不行啊。因为这是你的快乐所在。

我总觉得30岁的你刚刚开始生长出一点点小芽，我很期待你40岁时的样子。但那张脸我怎么也想象不出来，想象不出你在做着什么，和什么人生活在一起，有没有孩子，还是这样对"丰富性"强烈痴迷吗？

这个想象不到，应该就是最好的想象。

祝你快乐！愿你在体验丰富性上不管有多累，都记得这是你的选择，你要接受它，然后变得更快乐。

FOR YOU

第六章

质感写在了

你的脸上

你要元气满满，也要人间清醒

Hey，想要减肥的女孩

国庆节放假回家，所有人见了我的第一句话基本上就是："你怎么瘦了这么多？"长辈们会接着说："多吃点儿啊，太瘦了容易生病。"而年轻人则会充满期待地问我一句："你是怎么做到想胖就胖、想瘦就瘦的？"

很多人都只是看结果的，看不到过程，也没必要看过程。所以，我每个月健身20天以上且持续10个月的过程大可被他们忽略不计。减肥当然是有秘诀的，有且只有一个秘诀，那就是坚持。如果你喜欢跑步，坚持跑步就是了；喜欢快走，坚持快走就是了；喜欢瑜伽，坚持练瑜伽就是了。一个月没有效果，就3个月；3个月没有效果，就半年；半年还没有效果，就10个月。10个月不可能没有效果，而且很可能你已经脱胎换骨了。

最近一年，我常说一句让人觉得不可思议的话："减肥特别容易。"是真的很容易，选择任意一项你喜欢的运动，规律地坚持下去，就一定可以减下去的，几乎不存在减不下去的情况。但是就像所有的事情一样，开始都是容易的，越走会越难。减脂是容易的，但是后面的塑形和增肌会越来越难。

对于很多人来说，减脂就是最终目标，所以只要坚持就可以做到，而后面的塑形和增肌，除了坚持之外，还需要更多科学的知识，比如科学的饮食搭配；对肌肉的相关了解；保持良好的睡眠等。总之，这是一门学问，是那种需要你查很多资料、记很多小tips的学问。

也是因为健身，突然有一天我想明白了很多事情。我一直对自己说要做一个特别的人，一个很厉害的人。可是怎么做到呢？心里没底，直到阴差阳错地开始了健身，才找到秘诀：很多人连坚持都做不到，如果你已经能做到坚持，并开始往后走，那你就已经不错了。

如同写作，在最开始的时候，就是坚持每天写就好了，当我的博客连续更新一年多之后，关注量就开始呈几何式增长了。但是后面更难的事情出现了：如何找到不同的选题？如何找到新的方向？如何让输入跟得上输出？对于喜欢写作的人而言，前面的坚持还没做到呢，每天想的就是后面这些事情，本末倒置了。

阅读也一样，开始的时候，就坚持读、随便读就是了，当你读完100本书的时候，才有资格想后面的事情；工作也是一样的，很多人说做电视节目需要创新，需要灵感，需要储备，但其实开始也不过是"坚持"两个字，坚持看节目，坚持做节目，坚持比别人多找一些选题而已。

我有一个很不成熟的想法就是：任何不能减肥成功的人，无外乎就是做不到坚持的人，除非根本不想减肥，觉得现在的身材可以接受。很多人说减肥是技术活，不，别夸大它。减肥就是体力活，是一件不需要动脑子就可以做到的事，迈开腿，每天都迈开腿，准没错。"技术活"这个词是个幌子，是减肥产品的幌子，也是肥胖的人给无法坚持的自己找的"幌子"。

Hey，女孩，我从来都不认为瘦就是美，瘦就是唯一的审美标准，但是我很希望你在自己的身体上精进一些。我们花时间精进自己的头脑，为什么不花时间精进自己的肉体呢？我知道你想要成为一个更好的自己，而这个"更好"必须先"坚持"才能完成进阶。

"坚持"一定是上天给予我们的礼物，几乎任何想要得到的东西，通过它都可以得到。

Hey，矫情的女孩

某天在老家翻书柜时，在角落里突然看到了一本尘土很厚的诗集，是我24岁时出版的。如同这本书经常被我遗忘一样，我写诗的那段经历，仿佛也不曾有过一样。

翻开扉页，看到一首首诗歌的题目时，第一个感觉是羞愧难当，《抚摸一粒麦子的忧伤》《油菜》《疼痛之花》《我想给每朵花儿命名》等，一听就特矫情，抚摸一粒麦子忧伤个什么劲儿啊？疼痛真的会开出花朵吗？给每朵花儿命名太徒劳了吧？

可是，紧接着——真的羡慕那个时候的自己啊。那年姥爷去世，去参加了他的葬礼，回来之后，我一边哭一边写下"一路的纸钱、米汤，渗进土地，在主人到达之前，寻到通向天堂的捷径"；冬天家里没有暖气，裹着被子看窗户上的冰花，写下了"它像是处女，无时无刻不带给人黏稠的诱惑，镜前霜花，来来回回地惊艳";在快活的春天里写道"一想到春天,我就要吹口哨,和这位风骚的小娘子调情"……真的,再也写不出这样的诗句了。

谈恋爱的时候,我特矫情,习惯性说一些特别肉麻和煽情的话。闺蜜经常讽刺我"多大的人了?还这么矫情",有时候我也会想:是不是我太追求爱情的纯粹了,矫情是不是只有小女孩才能有的状态?直到看到这本诗集,我才告诉自己:珍惜自己的矫情,因为矫情是有期限的。

我再也不会花时间盯着一朵花看,只盯着手机和电脑;我再也不会抚摸一把扇子和梳子,只会握紧拳头,握着什么都没有的勇气往前冲;我再也不会一边哭着一边调理心情,不能流泪,不能给自己软弱的机会,怕自己垮掉。我被生活磨炼成了一块坚硬的石头,矫情是缝隙,我得借着它喘口气。

看一次《寻梦环游记》哭一次,不是因为这部剧对死亡有多么动人的描述,而是看着一个个骷髅的卡通形象,就止不住地哭,人的本质就是一具骷髅啊,朋友说"越看越孤独",我说"正是因为孤独,才会让那个小孩成为小孩",然后眼泪就又止不住了;朋友说"你要是想哭,就紧接着去看《快把我哥带走》吧",我鬼使神差地去看了,又是一通哭。看前面的情节时憋着没哭,直到看到哥哥和妹妹要分开,哥哥嘱咐继父关于妹妹的生活注意事项时,我控制不住了,又是一次泪流满面。等看到妹妹说"你把我丢了"时，什么也不管了，嚎啕大哭。

这事特矫情，按照我弟弟的话说"你都'奔三'的人了，怎么还这么少女心"，可是我很想抓住这些"矫情"不放。什么样的人才会矫情？内心柔软的、自由的、不害怕的、有安全感的。我知道"矫情"是个贬义词，但不得不承认，所有"矫情"的人，其实都在某种程度上像个小孩子。

之前每次在微信朋友圈里看到别人深夜发的各种矫情句子，都会觉得"干啥呀，不就那点儿事吗？天亮了，就后悔得想要删掉了"，但现在我很羡慕那些还可以发矫情句子的人——至少他们在那小段时间里，尝到了人生的甜。

Hey，矫情的女孩，请继续矫情下去、任性下去。时间很公平，在这里给你多一点儿，势必会在其他地方少一点儿，既然如此，就一下扎进去，大口呼吸，把浓度极高的喜怒哀乐都吸进去，管它世界纷扰，你开心就好。

就像那个比我还矫情的朋友，此刻发给我一首他的诗：

悲伤时/唱首歌吧/如果还悲伤的话/就别唱了

太矫情了，可是我喜欢。

Hey，果断说分手的女孩

最近的生活重心全部围绕着闺蜜进行，男友向她提出了分手，不能接受现实的她开始一蹶不振，随时随地地哭，整宿整宿地睡不着觉。我想了无数种方法去安慰她，但出发点只有一个：这样的男人有什么可留恋的？像丢垃圾一样多好啊。这就是我，一个对分手果断得不被别人理解的人。

虽然经历的恋情不多，但每次感觉不合适了都是我先提出分手。走不下去了，分手是最好的处理方式，各自开始新的生活，相忘于江湖多好啊。如我所愿，每次分手也都干净利落，没有纠缠，很少陷入回忆，就像没有发生过一样。直到我遇到现在的男朋友，在热恋期时，我依然果断地提醒他："亲爱的，如果有一天你不爱我了，记得告诉我哦！"这对我来说，是一句张口就来的话，不爱了就分开啊，有什么不对吗？男朋友沉思了好久之后，回答我说："你为什么要这么问啊？我很难说出这句话吧？"

在我眼里，男朋友是一个很直接的人，很少有事情可以勉强他去做。这个时候，我突然就在想：到底是什么原因，让我成为一个对提分手这么果断的人？

后来，男朋友在另外一件事的态度中，帮我找到了答案。

一次，我和前同事吃饭，他和我的关系特别好，我每年的生日他都记得，并且会第一时间精心准备礼物，我们知道彼此很多不能和外人分享的秘密。但就算这样的关系，在同一个城市，分别两年了，也才见过两次面。他说："我每次来找你，你都在忙，可是当你有空的时候，你却从来不主动找我。"是吗？我从来没有主动找过他吗？翻我们俩的聊天记录，他的对话在左侧生龙活虎，而我在右边冷冰冰地以各种理由拒绝。是的，两年之内，我从来没有主动找过他。他看我有点儿不高兴了，开玩笑地说："没关系呀，我会一直缠着你的。你不来找我，我还会继续找你的。"

听到这里的时候，我有点儿想哭。我把这个细节分享给男朋友，他没有给我留一点儿面子，用他很直接的态度说："原因一句话就可以说明——你在这方面很自私。"虽然听到"自私"这个词的时候，我很难堪，但真的戳心了。

在感情方面，我的确是个自私的人：从来不主动去联系朋友，除非有事情需要解决；分手时，从来不会考虑对方的感受，只听从自己的理智；在亲情中，我爸有一次说"你是一个没有感情的杀手"，我以为这是玩笑话，其实不是的。我对友情没有渴望，对爱情斩钉截铁，对亲情缺少关怀。我曾经以为这一切都是因为我内心强大，一个人也可以过得很好，事实上这都是借口，我心里只装着自己。

　　承认自己自私，是一件非常难、但必须面对的事，同时，承认自私，在某种程度上也就承认了自己是一个功利的人。感情很缥缈，没办法衡量，不像成绩、职位和利益，有衡量的标准。很多时候，你在感情上努力，并不能得到同等的回报，换句话说，感情这事是否有回报和你是否努力没必然联系，所以就放弃了。这多么可笑啊！等到生命的最后，你回顾自己的一生时，会发现：荣誉、地位、金钱，你全可以都会在乎；真正让你牵挂的，都是有情人。

　　也许，未来我还是想一个人待着，不想有很多的朋友，但我希望你知道：当别人联系我时，也可以试着去联系一下她，没有什么目的，不祈求有什么结果，就是给予对方放在心上的感觉。

　　也许，以后遇到不合适的人，我还是会提出分手，但我希望我能做到：为对方多考虑一点儿。即便是分手，也要考虑时间、地点，给他一个接受的过程，毕竟我们用漫长的时间爱过，结束也需要被认真对待。

　　也许，以后我和家人的联系依然不会特别频繁，但我希望我能在每一个想起他们的时刻，给他们打个电话，说几句自己的近况和对他们的问题，让他们知道被惦记。也希望我能从心底真正接纳他们给予我的一切，带着爱、感恩往前多走一走。

我想，以后我不会再对一个对于前任恋恋不舍的人趾高气扬地说："你怎么就放不下呢？他有什么好的呢？！"

放不下就慢慢放，别让她着急。

爱从来都不是线，可以说断就断；爱是脐带，我们即便分开，也是血脉相融。

别做一个薄情的人，人间或许不值得，但感情值得。

Hey，想要办婚礼的女孩

很难想象，我到了29岁才第一次参加婚礼，而且更难想象的是，我第一次参加婚礼，是以工作人员的身份参加的。我的好朋友笑笑想办一个演讲婚礼，因为我是做演讲节目出身的，所以很自然地成了这场婚礼演讲内容的总策划。于是，在婚礼现场，我忙前忙后，但还是被感动得热泪盈眶。

在这场婚礼中，最让我感动的不是新郎与新娘的爱情，而是每位演讲的亲友为这次婚礼所做的努力，每个人都认认真真地写了演讲稿，而且根据我的建议改了又改；在繁忙的工作之余，熟记稿子；到了婚礼现场，一遍遍地彩排，有的亲友因为第一次演讲、紧张、脸上、手上都是汗。他们都是商界大佬，当在现场看到他们像小学生一样，死磕每句话、每个手势的时候，说实话，我很羡慕新婚夫妇能有这样的亲友。如果让我来做一场这样的婚礼，不知道能不能邀请到这么多的至爱亲朋。

我是一个从来没打算办婚礼的人，因为不知道婚礼的意义是什么。

我没有公主梦，也没有婚纱情结，节目做久之后，如果说非得让我办一场婚礼，我会觉得它对我的意义是，我为别人做过那么多场大型的活动，那这一次为自己办一场活动，没错，是活动，把物料、人员、设计等都做到最好的一场活动。

不知道我这样的"意义"会不会冲击很多人的神经？我希望如此。我希望让大家意识到婚礼可以有无数种样子、无数种定义，并不仅仅是形式的变化。你的婚礼可以由你来定义，它可以是一场野餐，可以是一个蹦迪派对，可以是一场烟火，无数种样子等着你来创造。女孩子们总爱说"我想要一场不一样的婚礼"，可是到头来，你会发现大多数婚礼都一样。既然一辈子只能有一次，既然你那么珍视，为什么不多花些心思呢？

我的朋友笑笑做的这场演讲婚礼，其实是把自己可以当主角的机会让给了别人，让别人在自己的舞台上绽放光芒。这和她平时的社交习惯是一样的，她从来都是为别人着想得多，倾尽全力想把别人往好的方向推一把的人。谁说婚礼只能自己是主角？当你把这点想明白的时候，也许你心目中婚礼的样子也变了形。

也许有一天，我会改变主意，办一场婚礼。我不知道它是什么样子的，唯一可以确定的是，它一定不是亲朋好友聚在一起看着我俩举办仪式。

Hey，想要办婚礼的女孩，你比我坚定多了。当我还在犹豫是否要办婚礼的时候，你已经决定了。既然决定了，就打破所有的偏见、固执，去做一场天马行空的冒险。在这场冒险中，也许你才能真正看清你所理解的爱情的模样。

Hey，敏感的女孩

人和人之间关系的突变，可能只是源于一件不经意的小事，比如我和我的前任领导。

在很长一段时间内，我对他谈不上喜欢，但也试不上讨厌，交代的事情认真去做、及时汇报，不耗费任何多余的情绪。直到有一天，在节目的录制现场，台上的选手因晋级失败哭得一塌糊涂。我站在台侧，看着台上的一切没有反应，这时，他淡淡地说了一句："你们这一届编导真是不认真。"我问："为什么这么说呢？"他有些怒其不争地说："之前的编导，看到选手在台上哭，自己也会哭得稀里哗啦。因为他们对选手付出了情感，真心扑在这个选手身上，而你们无动于衷，是因为你们没有认真做一个'选手'。"

听到这里，我没有说一句话，虽然很想辩论一番，知道无用，也就罢了。也就是从这个小对话开始，我和他之间的关系开始改变，还是在他的领导之下，只不过我换了一种态度。毕竟以选手淘汰是否痛苦来揣测我们是否认真的领导，有点儿可笑。

他不知道的是，那些看到选手在台上哭，自己也会哭的编导，在日常工作中遇到一点儿小事，也是会这样做的。同事说了一句不客气的话，哭；工作没做好，哭；不哭的时候也有，同事关系的一点儿风吹草动就够他们琢磨好多天。换作我是领导，我更愿意找一个理性的、情绪稳定的人合作，而不是找一个过于感性的、阴晴不定的人。

是的，我很讨厌对生活敏感的人。很多人看到这里也许会说：你不是作家吗？作家不应该是对生活敏感，才能看到素材的吗？没错，写东西需要敏感，敏感于内心的变化，敏感于别人看不到的微小变化，敏感于人性的正负交换，但这种敏感止于精神层面，都是在思考的角度上敏感的。哪怕是一个写家长里短的电视剧的作家，生活中也绝不是一个家长里短的人，我们习惯于用旁观者的视角去观察。"很多事情外人看得更清楚"，其实就是这个道理，如果一个作家不是"外人"，而是"内人"，他一定看不到自己想要看到的。

我讨厌对生活敏感的人，因为对生活的家长里短敏感不但是没用的，而且是伤害自己的。每天我打开微博，私信里面的负能量如果用一句话概括就是：真是太敏感了，这根本不是事啊。大学室友今天说我坏话了，怎么办？别说是一句坏话了，十句又怎么了，张口就来的、不负责任的话，睡一觉就可以忘记的；男朋友好几次没回我信息怎么办？是不是他爱上别人了？本来没有这回事，但当你敏感地查验他，敏感地揣测他，也许就真的有了；同事们今天中午出去吃饭，没有叫我，是不是在背后议论我呢？还是我不小心得罪他们了……

心理学上有一个专有名词叫作"钝感力"，一个大众化的词，意思是你对一些事情"迟钝"，或者视而不见的能力。保持钝感力，其实是保持自我的清洁；保持钝感力，才能有时间、有精力去做一些对自己真正有意义的事情。

我曾经采访过一位事业很成功、家庭也很让人艳羡的女士，按照当时的台本流程，必须要问的一个问题是："作为事业型女性，你是怎么平衡家庭和事业的关系的？"她没有说一些取巧的话，也没有说空话，而是很认真地看着我的眼睛说："小姑娘，平衡任何事情都是需要方法和技巧的。就像你在天平上放东西，如果不动脑子，它怎么能平衡呢？她说了好几个方法，第一个就是训练自己的钝感力。老公的抱怨、孩子不合理的要求、父母的唠叨，要练习屏蔽它们，当你把这些东西屏蔽掉的时候，就可以用更多的心力去爱他们，而不是用大部分的心力去处理这些无关紧要的事，很多家庭在这方面是本末倒置的。"

那个时候，我还没有意识到钝感力的重要性，直到有一天，我成了一个管理者，有了自己的团队，尤其在基本都是女性的情况下。每天都有各种各样关于下属的信息传到我这里，不外乎她人品不好啦，她在外面接私活啦，她又有小心机啦……最开始听到这样的消息，我会很气愤，想着如何去沟通和解决，花费了很多的心力之后，发现问题不但没有解决，而且相关的信息越来越多了。这件事告诉我：领导者把注意力放在哪里，大家都会相应地把努力的方向转移到哪里。比如在乎团队的关系和谐，大家就都去关注这个方面了。但其实工作团队的首要任务就是把项目做好。当我把这个问题想清楚的时候，就迅速把团队的注意力拉回工作上，哪怕那些问题还存在，但并不影响项目的正常运行。

成大事者，不纠结，也不敏感。我总爱说："当你想得更远、看得更多、格局更大的时候，你的头脑就会自动启动筛选机制，会把一地鸡毛的小事过滤掉。"

这是一件需要付出能力、持续训练才能做到的事，也是人生修行的一门功课。敏感的女孩，也许你现在还没在这个课程里，但没关系，这个课程的门随时都向你敞开，也许是你自己走进去，也许是别人把你推进去。

Hey，一心只想赚钱的女孩

随着年龄的增长，听到最多的话就是"一定要多赚钱啊"！失恋了，多赚钱就好了；30多岁没有结婚的人会说，等过了30岁，就不想谈恋爱了，光想着赚钱；结婚之后也一样，两个人一天可能见不上面，只为了赚孩子的奶粉钱。

赚钱当然重要，用我同事的话来说："如果不赚钱，你在北京都不敢出门，出门坐地铁都得花钱。"然后他又自我反驳道，"不、不、不，你连门都没有，房租都付不起。"赚钱的重要性不言而喻，连我那小外甥每年过年时都会翻翻我的口袋，想要找钱买零食。

可是，赚钱什么时候到尽头呢？赚多少钱才能满足呢？这是我最近经常思考的问题。毕业之后的两年半里，我几乎把所有的时间和精力都放在了工作上。即便是谈了男朋友，连约会的时间都很少，只能在地铁口附近的餐厅匆匆见一面，这样的结果是：

钱确实没少赚。

最近一两个月，单位没有项目，突然闲下来的我想到的第一件事竟然是，不行，我得换工作，我不能接受一两个月都没有事情做，我不能停止赚钱。第二件事是，我签约了一年的新书，到现在都没有写一个字，我为什么不能利用这段时间把它写完呢？继而想到了第三个问题，为什么我先想到找工作赚钱，而不是写新书呢？

答案是显而易见的：工作赚钱是很快速的，一个月就可以拿到不错的薪水；而写书是很慢的，写作过程本身就够艰辛的了，写完之后过好几个月才能出版，出版之后好几个月才能拿到稿费，回款周期太长。我"投机取巧"地选择了前一个，但事实上，只要有点儿理智、有长远的眼光就知道：肯定要把写新书放在第一位。

所以，为什么不能一心只想着赚钱？因为它会使你只想到利益最大化，而不会做长远的打算。盯着眼前的利益，小家子气的一定走不长远，也赚不到真正的大钱。

换个角度去想，我们赚钱是为了什么呢？是为了买到想要的东西？可是大家也知道有很多东西，钱是买不到的。在钱能买到的范围之内，还会有一个问题：怎么有钱又有品？

我认识的一个女生在分手之后，先去割了双眼皮，接着又去做了全身美白，买了一柜子的新衣服和一桌子的昂贵化妆品之后，觉得仍然不满意，又想去隆胸。她每天挂在嘴边的话就是女孩子只要漂亮了，什么都可以得到。

有一次，我开玩笑地对她说："你没事的时候，还得看看书，压压外在的浮气。"我总觉得皮囊是需要内在支撑的，即使一个女孩子外表再美，内在的东西不足够强大，总是危险而且短暂的。

我认识的另外一个女生，在外貌上，天生丽质，作为富二代，她每天想得最多的问题就是如何花钱。买了几辆车，朋友都说她车品不好，不会选车；全身奢侈品，但总是穿不出质感来；经常去参加各类商学院的课程，却总会被孤立，有其他女性甚至直接说"如果下次她再来上课，我就不来了"，因为觉得和她在同一个班级里面上课影响心情。有钱本身无关幸福与否，如何花钱才关系到快乐与否。

为什么不能一心只想着赚钱？因为当你把全部心力都放在银行卡数额上的时候，赚钱过程中的很多层面就会被你忽视，而真正有价值的却恰好是过程，是时间累积起来的东西。如果赚钱慢一点儿，在这个过程中学到的东西多一些、品味高一些、格局大一些，也许就会更快乐一些。很多人对微商有了误解，也许就是源于此，他们中的确有人赚了很多钱，但此相匹配的东西都没有相应地建设起来。

Hey，姑娘，你当然需要赚钱，但我希望你不要那么焦虑地赚钱，当你有"一夜暴富"的想法时，往往就赚不到钱。我愿你会赚钱，也会花钱，更能明白金钱的意义到底是什么。在你赚钱不多的情况下，培养自己的眼光、品味和格局，是一项稳赚不赔的投资。

Hey，不安稳的女孩

在很多人看来，我的人生从来都不是循规蹈矩的。大学毕业之后，非得去考国内文科最好的大学；话剧专业硕士毕业，却一股脑地扎进了电视行业；在上海工作了半年，做着比别人起点高很多的工作，却在半年之后就离职，跑到从没有生活过的北京；工作上一边做着媒体行业，一边还偶尔做着培训行业……永远都不满足，永远挑战，不冒险、不刺激的日子似乎根本不值得过。

我去年交了一个非常稳重、踏实的理工科男朋友，几乎所有的朋友知道后都大吃一惊："你怎么会找一个这么安稳的人？"闺蜜看到我们有长久发展下去的迹象，很严肃地对我说："你看起来是一个非常难搞的、很难安定下来的人，怎么突然就转变了？"

其实不单是闺蜜，包括我的父母，也许看到我所做的事情、所做的选择，都会觉得我是一个讨厌安稳的人。有一段时间，我在朋友圈里不发工作的内容了，我爸就在家里和我妈念叨："她是不是又换工作了？"在我爸对我的了解里，我会经常换工作，不可能长久待在一个地方。

当然，我也写了很多希望大家能够跳出舒适区，如果不想在小城市生活就勇敢地去大城市闯荡，还有不想按照父母的意愿考编制就不考等话题的文章，也许在很多读者的眼里我很酷，或者说很勇敢。

其实，这些都是表面的。如同一片大海，大家注意到的只是浪花，平静的水流很难进入人们的视野——我的底色是特别踏实、安稳的。

如果我决定和一个人在一起了，就一定会用尽全部心力去爱他，直到他触犯了我的底线，才会干净利落地提出分手；否则，应该会很长久地相处下去。

一个朋友说她每次遇到喜欢的男孩子，追到他之前，会爱得死去活来，可是追上之后，会很快兴趣索然，寻找下一个令她心动的目标。她问我有没有这种感受，我说没有。因为我很早就懂得，爱情在最早的心动结束之后，剩下的就是经营。经营得好，你会收获一个崭新的伴侣，以及一段甜蜜的关系。踏踏实实地去经营一段感情，远比到手就换掉重要得多。精挑细选，不如把他培养成或者影响成你们俩都喜欢的样子，多好。

工作上也是如此，前不久有一家培训机构想高薪聘请我，我征询了一位前辈的意见,他问我:"你如果去了,会是什么感受?"我不假思索地说:"背叛梦想的感受。"我一路走来,做了很多选择,而这些选择都是为了梦想。所谓的踏实,就是你知道自己想要什么,哪怕走百转千回的路,但因为知道目标在那里,你就会义无反顾。

我在北京租的房子里已经住了三年。对于这个位置,所有知道的朋友都会嗤之以鼻:离上班的地方远;离朋友聚会的地方远;房租还不便宜。每次聊到租房子的话题,他们都会咬牙切齿地说:"你怎么还不搬家?!"这些话我听了一年又一年,还是没有搬家。也许是因为嫌搬家麻烦,但更深层次的原因是,北京这个城市变幻莫测,用我健身教练的话来说,经常有学员刚交了上私教的费用,就换工作了,在工作、人际关系都不稳定的地方,一个稳定的住所是我想要的踏实。这个房间里有我读过的书,有两盏台灯伴我写过很多篇稿子和无数个工作总结。在外面,我无论多狼狈、疲惫和想要逃避,只要回到房间里,我就是安全的、安静的。

我有时候会想:为什么我会是一个内心安定、踏实的人呢?想了很久才想清楚是因为我特别懂得这个世界上没有任何捷径,我人生中收获的所有骄傲,都是伴随着泪水和汗水的。我从来没有觉得自己幸运,所有的收获背后都是无数次失眠和自我抗衡的结果。或者换句话说,踏踏实实地、有底气地走好每一步,是我的人生信仰。

多数人都很讨厌"安稳"这个词,如果有一个人评价你"你做着一份安稳的工作",或者"你是一个安稳的人",个中滋味和别人给你发了"好人卡"差不多。但我希望你的底色是安稳的、踏实的,这样你会是充盈着幸福的;而如果你的内心特别飘忽,那你一定会不快乐。

武行经常会讲一个人的"定力",我觉得当你踏实地、稳妥地对待自己时,你就是一个有定力的"人生高手"。

Hey,被励志点燃的女孩

有一段时间,我写东西完全进入不了状态,不知道有哪些是值得写的,即便很费劲地写出来了,也不愿意发出去被别人看到。我反思为什么会有这种状态时发现,有一个很重要的理由是:我觉得那段时间太幸福了。恋爱甜蜜,工作很有起色,想买的东西都能毫无顾忌地买。被温暖包围许久之后,我已然忘记了寒冷的滋味。

当我把这种感受分享给朋友时,她说:"我觉得你这样想不合适,你那么努力,不就是为了能获得幸福吗?为什么幸福却成了你的绊脚石?我不想活得励志,只想活得幸福。"

她说得没错。幸福也许就是人生的本质追求之一,但是她忘了,每个人对幸福的定义不一样,有人定义幸福是结果论,是有美满的家庭、喜欢的工作或者丰厚的物质;有人定义幸福是过程论,人生的每一步都走得踏实,走得足够让自己心安。

我是"过程论"者。说起来真的很"作"，很不知好歹，放着好日子不过，整天给自己找困难去克服，从来都是自我斗争，但这就是我啊。我应该永远也过不了那种知足常乐的生活，不是不满足于物质条件或者周围的人，而是对自己不满足，永远在较劲。较劲多累啊，可是不较劲了，我也就蔫了。

我就适合生活在一线城市，每天走在大街上，都会被快递员激励。外来打工的叔叔阿姨、路边摆摊卖水果的小姐姐，或者地铁上一丝不苟的职员，每个人都是紧绷的，看不到他们放松的时候，倒是也不用担心那根绷着的弦会断，因为这个城市会给这根弦"蓄力"，让它越发有韧性。

我和一线城市有着很和谐的关系，这种和谐就体现在那股拼劲儿上。我经常听北京人说："你们这些外地来的人，太给我们压迫感和紧迫感了。"

而我们这些外来者，其实从来没有和北京格格不入过。也许你会觉得形态各异的建筑陌生；会觉得24小时营业的便利店陌生；会觉得嘈杂的蹦迪现场陌生；但你一定不会觉得任何一种努力奋进的感觉陌生。来到这里，就如同鱼进入了海洋，开始大口呼吸、吐气，期待着有朝一日可以拥有自己的城池。

现在很多人对被"鸡汤"喂饱的人有偏见，打了"鸡血"般地工作，有意思吗？巧了，我是一个制造"鸡汤"而且会永远活在"鸡汤"里的人。"鸡汤"就是我的城池，我在这里面很舒服、很幸福，鸿鹄也不知燕雀之志呀。

小人物能够在这个世界上拥有成为"大人物"的梦想，凭借的是骨子里向上的热情，也许疲惫，也许被辜负，也许被嘲笑，但你知道，你就是放弃不了。

Hey，马上要结婚的女孩

亲爱的，下面的文字是我送给你的结婚礼物。

一周前，我突然收到你的私信："蓑依，我这个月23号就要结婚了。不知道为什么，我就是想和你说一声。"

看到这句话的时候，我同样不知道为什么感动，除了恭喜之外，就是想要送你一份礼物，一份想要回报你的礼物。

这些天，我每次去商场都会想着有什么东西可以买给你。送包包吗，送衣服吗，送本子吗？思来想去，我觉得这些候选的礼物都不合适。因为我们的关系只是读者和作者的关系。

2020年，由我的读者转变成好朋友的红妹结婚，我送了一对小瓷杯子给她。怎么说呢？送出去我就后悔了，当时想买一副字给她，但店家说两个月之后才能发货，只好随机选了其他礼物，但那种不是自己超级喜欢的礼物送出去的感觉是很失落的。

我想送我的新书给你，板板正正地写上祝福的话，认认真真地签上我的名字。但是新书还没有出来，连样书都还没有，今早起床，突然想要写篇文章给你，哪一天交稿时，一定把这篇文章一并放进去，也算是送上了一份特别用心的礼物。

也许有人会好奇，为什么我对你那么上心？不就是读者和作者的关系吗？只有我自己知道，在过去两年的时间里，只要是我更新公众号，你一定每篇必看，而且每篇都会打赏。这个打赏对我有着特别的意义，很多次我都怀疑自己的写作水平：怎么可以这么差？或者怀疑坚持更新公众号的意义：有多少人看？坚持有什么意义吗？正是因为你，因为你的每次打赏，我都会在很多时候对自己说："为了她，也要写下去。"你知道吗？你的存在让我觉得无比珍贵。

我写得再差，更新的频次再低，但是只要我写了，你就一定会看。这比谈恋爱都要浪漫。而且你所有的行为都是不打扰我的，没有要求加我的微信号，哪怕我的微信号就摆在那里，你也没有加。我很喜欢这种舒服的距离感：我喜欢你，但我不打扰你。有时候，我也会想，或许是你不敢靠得太近，担心距离近了反而会失望。因为我也有喜欢的作家，会有这样的想法，但我还是想要告诉你：

"不管你以后是否还会喜欢我，反正在你喜欢我的这段时间里，我值得你喜欢，哪怕你靠得再近，我也有底气不让你失望。

"'陪伴是最长情的告白'，我以前对这句话没有什么感觉。

我很难做到持续陪伴一个人，有谈了三四年的感情说放弃就放弃，有觉得我遇到了全天下最特别的男孩子的时候也毅然离开。也许，才安排你出现在我的世界里，让我体会到被陪伴的感觉是多幸福。我也想要把"陪伴"做得更好，想要在当下的感情里再努力一些，再持久一些。"

说了那么多，其实是想要祝福你新婚快乐的。我一点儿也不担心你结婚之后会不快乐。你懂得付出，懂得分寸感，懂得陪伴，这应该是所有男生心目中完美妻子的样子。我到现在也不知道你长什么样子，多少岁，做什么工作，但就像是你无来由地相信我一样，我也义无反顾地相信你：相信你有幸福的婚姻，有美满的生活，有不断变好的样子。

我一直觉得在写作的世界里，自己是个特别幸运的人。我很顺畅地收获了自己的作品，也很自然地获得了很多人的喜欢。当我气馁的时候，我会打开微信公众号的后台，看每个人关注我的时间。2016年我开始做公众号，很多人就从2016年跟随我到现在。怎么说呢？我更新的频率很低，风格也没有变化，他们原本可以取消关注的，但就是一直关注着我。每当看到这些，我都会热泪盈眶，咬咬牙，写下去。有好几个人从读者变成了我的朋友，他们支持我的每一个决定，我做得不好的地方就直截了当地指出来。我见证了他们的恋爱、结婚，每次收到他们邀请我参加婚礼的消息时，我都会觉得：我们怎么会渐渐地拥有了这样的关系呢？我没有花钱请过助理，这很不对，任何工作都应该有回报，但是在我做得不对的情况下，却有一个接一个的人愿意当我的助理，包括我现在的助理，以及我的师弟，他们在帮我打理着一切；过段时间我就要开新书分享会了，有小伙伴为了见我，联系了当地的书店，帮我找场地，目的只是完成一次见面。

  我哪有这么好，值得你们付出这么多？我能给你们什么呢？其实，我很明白，我必须要变得更强，变得更新，这样才能把更好的东西掏心掏肺地拿出来。现在自媒体都讲究"用户黏性"，说实话，我对我的用户黏性特别自信，哪怕关注的人少，但只要是我做的，他们一定都支持。

  亲爱的，我不知道我们的关系会走到哪里，就像是我不敢判定一段我很希望长久的恋爱能够走到哪里一样，但无论走到哪里，我都接受。因为你曾经给予过我的，已经留存在了我的记忆里，并且在发挥作用，让我想要变成一个温暖的、长情的人。

  亲爱的马上要结婚的姑娘，无论大家对婚姻有多么悲观，有多少偏见，但我和你一样，依然相信婚姻，相信爱情，相信两个人携手走下去的决心，就像你的名字一样，什么都是"双"数，什么都成全。

  期待未来宝宝出生了，你还想着来给我报喜。

Hey，不注重面相的女孩

有个朋友在微信朋友圈发了一条状态，反思自己脾气太暴躁、太焦虑，导致以前很漂亮的眉骨，现在变成了高低眉。我们之间一个共同的朋友给她评论说：这也太矫情了，附带一个"奸笑"的表情。我想说，这还真不是矫情，而是事实。

我是从两个同事身上发现面相这回事的。其中一位女生的梦想是做家庭主妇，每天穿好看的衣服、化很美的妆、做喜欢的美食，相夫教子，很日常地度过一生，所以面对工作上的尔虞我诈也好，或者斤斤计较也罢，她都不掺和，觉得和自己无关，你看她的脸时，看到的是无忧无虑，或者说不关世事，很舒展的样子。

而另一个同事，因为家庭条件好，因为自己太想要成功也罢，很擅长斤斤计较和借题发挥，本来一件很小的事情在她那里，就会变得很复杂；本来和她无关的事情，也想要掺和一脚，有的同事曾评价说："你要是看一下她的脸，就觉得人间不值得。"

有一天，我们三个坐在咖啡馆里聊天，我的对面坐着她们两个，很轻松地聊些男女之间的事情，不知道是不是下意识地，我发现我特别习惯向第一个女生的方向说话，每次都得提醒自己这样不礼貌，才愿意和第二个女生做几个眼神对视。在回家的路上，我反思自己的这个做法时，才意识到：其实是两个人的面相在起作用。

我不搞封建迷信，但是我却坚信，一个人的内心是怎样的，她就会拥有什么样的面相。你斤斤计较，你的面相就会额头紧缩，有一种挣扎之感；你内心快乐富足，你的面相就会呈现出温柔之色。面相比护肤、整容都要重要、直接得多。如果一个女生皮肤平滑白皙，面相却呈悭吝之感，真的漂亮不到哪里去。

这也就是为什么我从来都倡导女性要内心富足的根本。外在的美，只要你有能力花钱，就能做到，现在这个时代通过整容换张脸并不难，但是皮囊美了之后，就真的会让人看起来舒服吗？舒服才是一个女生最强的实力。

内心平和富足，不是什么玄学，就是不拧巴、明事理，就是一直向上，保持正能量。正能量不是让你"打鸡血"，不是强颜欢笑，而是你有能力去消解负能量。消解很重要，很多人恰恰相反，是去积攒负能量，久而久之，就生出一副沮丧、悲伤的面相。

很多女孩子都喜欢"少女感"，这个少女感并不是说脸上要有满满的胶原蛋白，而是要活力满满地挑战自己，拥抱生活给予你的每一个惊喜，更重要的是要学会接纳自己。

身边开始结婚的朋友越来越多，我很少问他们："你们幸福不幸福？"因为看她们的脸就知道了。幸福都是写在脸上的，不幸也是藏不住的。面相最不会骗人，你内心的状态怎样，它就会怎样呈现在你的眉宇间、眼睛里，甚至嘴角上。

FOR YOU

第七章

逃离任何消耗你

快乐的人和事

你要元气满满,也要人间清醒

Hey，被分手的女孩

我爸爸经常评价我的一句话是："你真是个没有感情的杀手。"我没有一堆朋友，和别人谈事情也总是就事论事，基本不会牵涉感情。就连爱情方面我也处理得干净利落：一旦发现对方触及了我的底线，一定会果断地提出分手。

我很难理解为什么有的女孩被分手了之后，还想着一定要复合，要抢回来，难道不应该像丢垃圾一样，丢得越远越好吗？

直到有一天，这件事发生在了我最熟悉的人身上。男生一次、两次背叛，终于在第三次背叛之后，凭借着最后一丝丝良心，提出了分手。女孩完全不能接受：凭什么有错在先，他还提出分手？因为咽不下这口气，她想尽一切办法挽回他，想着等他回心转意了，再冷不丁地和他分手，打他个措手不及。我听着她那宏大的、严密的计划，怎么一步步实施她的计划，怎么既能了然于胸又能装作无辜的样子，我一边替她心累，一边又同情她：

一个那么强势的女生，怎么会在一个背叛感情的前男友面前变得毫无尊严可言了呢？

女孩儿经常问我同一个问题："如果是你男朋友变心了，你会怎么做？"我每次都会很惊诧地回答："我怎么会等到他变心？！一旦发现苗头不对，我肯定就分手了。"她继而问道："如果你们结婚了，有了孩子之后呢？"我依然斩钉截铁地说："离婚啊。"她瞪大眼睛，很不理解地说："你只是现在说说而已，结婚之后就是两个家庭的事情了，怎么是你想离就可以离的？而且有哪个男人不出轨呢？"

"有哪个男人不变心啊？""有哪个男人不出轨呢？"不知道从什么时候开始兴起了这种所谓的观念，好像如果你不认同这一点，你就是不了解男人，不懂两性关系。在这样的论调之下，很多女子开始退而求其次地宽慰自己：身体出轨没关系的，精神出轨才可怕。不、不、不，为什么开始退让了？作为女性，你问问自己，如果你能做到恋爱后不变心、结婚后不出轨，那男人也同样可以做到。并不因为他是男人，这件事就变得有多难。

所以，我想对被分手的女生说：男生变心是不可以接受的，无论别人怎么灌输给你谅解的理由，无论这个男生有多少借口，都不要接受，果断分开，完全不留余地。

同时，在一段失败的感情中，最先释怀最先忘记、最先开始新生活的那个人才是真正的赢家。有可能是他先提出了分手，没关系啊，休止符放在这里了，如果你再继续纠缠，哪怕是追到后再甩掉，还是把这个休止符往后推了很远。但休止符就是休止符，不管你往后推多远，它一定会在的。所以，及时止损，是对待他的最锋利的武器。

其实，人生中遇到一个不专一的男人是一段很有用的经历，会让一个人迅速看到人性的阴暗面。曾经爱得深沉的人，仿佛就在一念之间，成了仇人，就像女孩一直无法释怀的——"他怎么可以做到一边叫着我宝贝，一边叫着另外一个女生宝贝的呢？"他怎么做到的呢？当你想明白了这个问题，对待感情的尊严才会真正存在。

Hey，想要情绪稳定的女孩

我在网上看到一个话题：做一个情绪稳定的人有多难？

我回答："其实不难，只要你选择去做困难的事情，慢慢地，你的情绪就稳定了。因为你会知道原来生活已经这么难了，就不要再去为难自己和别人了。"

"感同身受"是个合适的做法，当你感同身受的时候，你的情绪就稳定了。

这个回答获得了很多人的点赞，但我并不知道有多少人真正懂得这里面的意思。

一个小姑娘看到后，给我发了一条长长的私信。大意是说，在和一个第三方合作伙伴沟通的时候，很不顺畅，对方态度强硬而且不负责，屡屡犯错。姑娘不断调整心态，终于做到了不发火，甚至不生气。她说自己刚开始工作的时候，特别爱着急，解决问题的能力很差，反而加重了事态的发展，现在她都会告诉自己：要好好说话，也要认真听别人说话。

说实话，看完这个女孩的回答，我心里还是有点儿难过的——很多人错把情绪稳定，误认为是不发火、不生气。在我看来，情绪稳定有一个很重要的内核：懂得收住情绪，同时也会释放情绪。

如果我是你，我会以非常严肃的态度告诉对方："你这样的不负责任是在浪费我的时间，如果能力不行，就别做。"一个和我合作的人如果不认真工作，就是踩了我的底线，我会直截了当地说明白，我们的情绪需要释放在这些"始作俑者"的身上。我相信你一定一而再，再而三地忍受了，你的内心会很气愤，那就释放出来，告诉那个人你生气了，不管结果如何，你的情绪都需要表达。

"情绪稳定"最重要的是要找到自己的"情绪价值观"。也就是说：你为什么要做到"情绪稳定"？我说两件最近对我影响非常大的事。

我30岁生日那天，毕竟是个整数的年龄，想着要好好庆祝一下，但没想到那天早上收到一个条被误解的信息，我的第一反应就是不过生日了，一点庆祝生日的心情都没有；第二反应是这样的事，估计以后每个月都会发生，我要花费很多的精力来处理吗？不，它不值得；第三反应是不过生日，那我今天做什么呢？于是，我拿出笔记本，把今天应该做的事项一一列下来，按照顺序一个个做完。睡觉前突然觉得：早上发生的那件事非常可笑，幸亏没有在这上面浪费时间。

这件事所展现出来的"情绪价值观"有两个：一是有些事情当下看起来很严重，几小时后再看，其实也没有什么；二是如果一件事情有可能会频繁发生，那就说明是一件特别正常的事，不值得让情绪大幅波动。因为这个"情绪价值观"，让我以后再遇到类似的事情时，会产生下意识的反应，情绪波动就能保持在一定的范围之内。

母亲节那天，我陪男朋友的妈妈去吃饭，聊着聊着，我随口对他妈妈说了一句话："他就爱什么事情都憋在心里，每次都得我追问，他才肯说出来。"这在我看来是一句非常普通的话，但当我说完时突然发现男朋友的眼眶是红的，于是，我赶紧闭嘴，没有继续说。他眼眶红的那一刻，我脑海中闪现了很多我误解他的画面，也许他当时委屈，但是为了不让我继续生气，就默默承受了。也就是在那一刻，我告诉自己：以后不准在极度包容我的他面前，随便释放情绪。

这件事告诉我的"情绪价值观"就是有些人不对你发脾气，只是因为他在默默承受。如果不想让爱你的人伤心，那就在情绪上多上点儿心。

我的"情绪培育史"就是由这样的一件件小事建构起来的，我会从每件我想要发脾气的事上找到自己的情绪价值观，下次再遇到这样的事情时，就会稳定得多。

就像我开头说的那样，当你感同身受的时候，你的情绪自然就稳定了。此刻我一头扎进了创业这条小胡同，每天都在面临新的任务和挑战。就这样磨炼着，脾气便不再暴躁了，而且脾气暴躁的"性价比"太低了，用来发脾气的这段时间，可以多做很多事呢。

Hey，弱势心态的女孩

我终于舒了一口气，我们终于分开了。2021年，对于你我的关系来说，只有一个词可以形容：紧张，或者压抑。

你是过来帮我的，这让我迟迟无法下定决心让你走。但是，我越来越发现你是一个有弱势心态的女孩，以至于我们完全无法沟通，我不得不对你说分开了。

如果我说话比较着急，你会认为我脾气暴躁；如果我不搭理你，你会怀疑自己是不是做错了什么事；如果我坐下来和你好好沟通，你会认为沟通是无效的，只有我说了算，你没有资格说话。

亲爱的，你对我很熟悉，你要知道我是一个见过风浪的人，如果我这么小气、自私、针对你，我不可能成为今天的我。

看看吧，你对我的理解就是处于一种你是弱者的心态上。我们只有在平等的基础上才有可能交流，如果你先把自己放在弱势的一边，那就真的没得聊了。

我记得，一天下午你在我面前号啕大哭，原因是当天我出门办事，给你布置了一些任务，当我回来检查时，发现你几乎没有做什么。你之前对我说希望早点儿做成事情，然后去和朋友聚会，连去哪里聚会都找好了。当我回来发现你或许因为偷懒什么都没做的时候，作为上司，我说了一句："做不完，就不要回家了。"然后就听到了你的哭声。

亲爱的，这件事有两种处理方式：第一种是你告诉我为什么没有做完任务，是因为中间发生了什么事吗？如果真的是因为其他事情耽搁了，我不会不理解；第二种是如果没有其他事情耽搁，只是因为偷懒没做，那就没什么可哭的。事情比较着急，当天必须做完，在知道事情严重性的情况下你还拖延，那势必就得加班，就会影响你晚上的聚会，这没有什么好委屈的。

如果这两种方式你都不接受，只是一味地哭，那你真的就是受害者心态了——遇到事情马上想到的就是委屈，就是别人有意针对你，就是别人强势，而你是弱势的。

亲爱的，你知道吗？如果职场上你觉得上司是强势的，你是弱势的，你应该做的是跟强势的人去争取"势能"，而不是停留在弱势的环境中顾影自怜。

受到受害者心态的影响，你所有的工作都开始带着情绪。我让你整理一份录音，你直接用软件将录音转换为文字，却没有花心思校对；我给你报名去学习一个课程，两个月内你只学习了一节课，因为你觉得我在逼迫你学习；我给你安排的任务，你只保证完成，不管质量，你用弱者心态在做无声的对抗。

弱者心态，其实是一种思维方式。拥有这种心态的人，当他遇到难题时不是迎难而上，而是退缩不前。

我刚参加工作的时候，也遇到过很难沟通的领导，我说什么她都觉得不好。我的处理方式是，她觉得不好没关系，我先做出来，用结果来证明，所以我熬夜写台本，在录节目的现场被骂得体无完肤时，心中也只有一个想法：无论如何，我都要把这个节目以我能做得最好的状态完成。直到她不再觉得我做的事情不好时，我就离职了，因为我不认可她。

一个人会经历各种错综复杂的关系，有些关系甚至是你必须在某个时间段内接受的，比如职场关系、恋爱关系。我们无法保证每个人都和我们有一样的势能，我们能做的就是在即使看似弱势，也要以强势的姿态来对待，这不是技巧，而是保护自己。

我们分开很久之后，有一天，我看到你和朋友在社交软件上聊天，你回忆这段经历时说："我们磁场不合，分开就是了，去找到属于我们磁场的人就是了。"这句话看似很有道理，可是在我们以弱者心态自居的时候，谁又会和我们磁场一致呢？假如有，你们一起相处下去，是不是会更弱呢？

不要去逃避那些艰难的事情，它或许会让我们受伤，但是受伤的地方会有花；而如果一直在温暖的弱者巢穴里，时间越久，黑洞的面积就会越大。

Hey，见到领导会害怕的女孩

前几天看到你的文章写了一件小事，说有一天你值夜班，准备下班时领导进来了，你本来想和他打个招呼的，但他当时正在和另一个同事对接工作，你就没有过去打扰，径直走了。可是，离开后，你又在内心不停地问自己：是不是我等一会儿过去打个招呼，会更好一些呢？最后，你找到了自己这么纠结的原因：你的内心一直对领导充满恐惧。

我想告诉你，这个世界上的每个人都是普通人，领导也不例外，他和我们一样，有快乐、愤怒、自私和无畏。这也是我最近几年切身感受到的。

我们从小接受的教育就是要懂礼貌，遇到老师要打招呼。这本没有错，但是不知道为什么，渐渐地，它就变味了。小时候，我也经常远远地看到老师就躲着走；如果迎面碰上老师，也装作没看到，迅速离开。现在回想起来，应该是那时候内心畏惧老师，觉得老师高高在上，尤其是当我们在某个科目上考的不好的时候，会想当然地觉得自己很差劲，不好意思面对老师。可是，老师也不是十全十美的人啊！

慢慢地，我开始对一些所谓的"权威""长者""比我们优秀的人"，都怀有某种程度的警惕。哪怕他们的职位比我们高，也未必比我们活得敞亮。

在节目组工作时，我最漂亮的战绩是不花一分钱请明星来演讲。可是，你知道这件事有多简单吗？当时我就是一个理念：明星也是普通人。很多同事一听到要请明星，马上想到的是：我们预算不多，怎么办？明星看不上我们这个平台，怎么办？而我根本不想这些，直接去找适合上节目的明星，而且直接说明"我们预算有限，没有出场费用，很抱歉"。基本上，愿意来的明星，不会因为你缺了一点儿钱就不来，只要他想来就一定会来。我作为一个导演，要做的就是把机会放在他面前，仅此而已。如果你认为"明星是值得恐惧的，明星不是一般人"，你就很难走出第一步。

后来，我创业做了领导。说实话，我特别担心员工怕我，因为他怕我则意味着他对我有所期待，认为我不是一般人。如果有一天我的某些行为超出了他对我的认知，他很可能会对我大失所望。我希望他从内心接受我是和他一样的普通人，会发脾气、做错事、偷懒，我之所以是领导，只是因为我在专业上多钻研了几年，仅此而已。

　　如果你怕我，那不是尊重我，而是让我觉得自己必须要尽善尽美。所以，请把我当作一个普通人看待，并一直如此。

Hey，那个冻伤卵巢的女孩

亲爱的单单，那天到你家采访你，看到你瘦小、开朗、让人怜爱的样子，我还和你开玩笑"你可以试着做网红了，现在很多男生都喜欢你这样的"，可是听了你的故事之后，我发现自己错了。

你给我讲了很多故事，有的是飞着飞着挂到树枝上的，也有的是跑着跑着把腰椎摔坏的，反正都是关于你的让我"捏一把汗"的故事，天南海北的，上山下海的，国内国外的，很难把面前的你和故事中的你结合起来，可那就是你。

最让我捏一把汗的是，你在2020年3月去非洲登雪山的经历。乞力马扎罗山，这个我只在地理课本上记下来的山峰，成了你要征服的对象。你和三个男生一起往山上爬，途中你上吐下泻，身体完全支撑不住。那三个男生放弃了你，而你带着向导历尽艰辛，最终爬到了山顶。我问你在山顶上拍照了吗？你说哪里有机会，能站住就不错了。

我以为这和普通的爬雪山是一样的，过程虽然艰难，战胜了也就好了。但你告诉我，等你回到国内，身体极度不适。到医院检查时，医生告诉你"卵巢被冻伤了"。说到这里的时候，你非常淡定地说："我就让妈妈陪我住了几天院，然后就没事了。"

我要向你道个歉，当你说到这里的时候，我开小差了，我自认为也是个独立女性，但是在那个当下，我问自己："如果我因为这件事冻坏了卵巢，导致我没办法怀孕，我还会不会做这个选择？"我的答案是："不会。"

当然，你不是先做了这个选择再去爬山的，而是你去之前也并不知道会遇到这个不幸，但是我相信即便你知道，也会做出这个选择。为什么这么说呢？因为我看到你没过多久，又跑到了新疆最冷的地方，在积雪能覆盖到膝盖的地方跳跃、躺下，显然，你的快乐远远超过对身体再次的担忧。

以前做电视节目的时候，我遇到了很多有过英勇事迹的人，但即便听过了那么多触动人心的故事，我还是被你的故事深深打动，因为我在你这个同龄人身上看到了少有的勇敢。

在过去的很多年里，我特别瞧不起"勇敢"，觉得这就是一种很普通的品质而已，后来经历的事情越多，越知道"勇敢"背后是权衡，是放弃了很多，也坚守了很多，是斩钉截铁地做出自己的选择。

你和我们不一样，你坚守了自己的梦想，哪怕这个梦想在很多人看来是荒诞的，但你坚定地认为它可以实现。我们有一个共同的朋友，你说很感谢他，是他告诉你"玩，也可以成为你的职业"。其实，不是他告诉你的，而是你的坚定让他相信你会如此。

我临走的时候说："我非常期待你成为备受瞩目的旅游博主。"这个祝福很世俗，我现在要换个说法："祝你玩得开心，一生玩得开心，我的同龄人呀。"

Hey，想要获得力量的女孩

一天，我发了一条微信朋友圈："每个女孩都是有力量的，只不过要看你有没有能力唤醒它。"缘起于我看到有些女孩写的文章确实充满力量，对生活、对城市、对爱情都有很深入的、动人的思考。然后，我在那条消息下看到一个女孩的留言："可是我怎么才能知道自己有力量呢？"

这是个好问题。山本耀司说过一句很有名的话："'自己'这个东西往往是看不见的，你要撞上一些别的什么东西，反弹回来，才会了解'自己'。"力量感的获得也是如此，自己对自我的力量感是很难觉知的，只有在付诸他人的过程中，你才会得到反馈。

2021年，我的一项重要工作就是为100个喜欢写作的人赋能，我做这件事情的初衷其实是很自私的，就是希望让他们拿到结果，然后用这个结果告诉自己：你创业是有意义的，你是有力量帮助别人的。他们就像是我的一面镜子，让我清楚地看到了自己。创业这条路太黑暗、太漫长了，如果不给自己打点儿"鸡血"，很难持续地奔跑下去。他们是我的兴奋剂，让我阶段性地获得成功的奖励。

这件事对我有多重要呢？我在自己的朋友圈开了一个"小话题"——"闺蜜的反哺"。有的闺蜜告诉我她的文章被编辑回复了，有的闺蜜告诉我这个月她通过写作赚到钱了，有的闺蜜告诉我她看了我的书之后开始每天早起学习，生活习惯也改变了很多……要是在以前，我是很不屑收集这些信息的，太小、太琐碎了，可是当你经历过背叛、挖苦和不信任之后，你就会知道这些都是珍珠，闪着光在陪伴着你。有一天，你可以凭借这些光亮，找到回到自己的路。

所以，我会对每一位亲近的朋友说："去帮助别人，尽全力去帮助别人。"以前觉得这句话是"鸡汤"，可是等你品尝过它的好，才会知道它是力量之源。

以前，我在电视上看到那种把自己的钱全部捐出来做好事的人，或者冒着生命危险也要帮助别人的人，会特别不理解：为什么要这样呢？又没有人逼着你这么做！难道真的有人生来就这么有"公益心"吗？还是说我的道德感很低。后来我才发现，这和"道德感"没关系，而和你对自己的确认有关系。你经历过太多事情之后，变得复杂了，就很难看到自己。通过这些人，也许我们能够看到活生生的、期待遇到的自己。

　　但我要告诉你的是:"帮助别人,得到回报是幸运,得不到回报也很正常。"或者说:"帮助别人,其实一定会得到回报,只是不一定是当下的。所以不要气馁、失望,你是在为自己修一面镜子,只要镜面光亮,管它什么材质。"

Hey，分道扬镳的女孩

前两天，我把微信里几十个群全部解散了，一个重要的原因是它们沦为了广告群。群里总是冷不丁有人发小广告，而群名又都是"蓑依×××"的格式，让我觉得这件事对自己不是那么友好。

我刚解散了几个群之后，你就问我："我做错什么了，你把我移出群？"我说："不是针对你，是针对所有人。"

然后我们聊了起来，以前的几个群是多么活跃，又是多么友爱。我感慨："当时建群之初有多么热闹，解散之际就有多么落寞。你想想我们为什么会建群，一定是当时有什么八卦或者觉得很有必要一起通个气，着急忙慌地就建了；对我来说，还有一部分群是课程群，几年前的课程了，很多人都不再联系了，也就没有存在的必要了。"

说起来，伤感吗？当然伤感，但这就是生活本身。

过去的一年,我经历了很多和自己熟悉的人渐渐离开,有些是因为遇事之后发现三观不合;有些是因为人生没有了交集,再联系也没有纽带。但是我也拥抱了很多我不熟悉的人,和他们成了非常好的朋友,以及很棒的精神伙伴。如果不出意外,一两年之后,我们也会分开,在各自的世界里相安无事地生活。

我的感觉是身边的人每一两年就会有很大的更新。我早些年有一个微信号,创业后就很少用了,偶尔登陆那个账号,会有一种恍如隔世的感觉,通讯录很多人都不记得是谁了,尤其是没有备注的。人的记忆就是这么短暂,明明才一年而已。

对于这件事,我既难过又开心。难过的是,我们一生中仅有的一次交集结束了;开心的是,我的人际圈子在发生变化。谈不上失落,也谈不上兴奋,这样的事就是淡淡地发生着,一如每天的日出日落。

我是一个对感情很淡漠的人,哪怕在爱情上,不喜欢对方就会果断离开,从来没有过那种歇斯底里或者纠缠不清的时候。很多人的感情占比是很大的,而我不是,我更喜欢挑战,对事的热爱远超过对人。

感谢所有经过我生命的人,无论这个过程是好是坏。因为你的到来,一定给予了我什么,而愉快或者伤心,只是因为我们当时的角度不同而已,和你我本身都没有多大关系。

也感谢所有此刻在我身边的朋友,我们在一起的每一天,其实都在倒计时，我们听着时针在走，但还是在每个当下吐槽、吹捧或倾诉。

生命中出现的人都是礼物，我们的交集都是有限的。所以，离开了就不要去追，追也追不回来；遇到了就不要逃避，躲也躲不掉。

据说，我们的一生会遇到8263563个人，会打招呼的有39778个人，会和3619个人熟悉，会和275个人亲近，我们都是彼此的奇遇，因为我们必将散落人海。

Hey，想要旅居的女孩

昨天晚上，我们6个人聚在一起，聊"理想中的自己"是什么样子的，咱们3个不约而同地说："想要过旅居的生活，每年去不同的城市生活几个月。"我说咱们得谈一下距离这个理想的实现还差什么？不出意外，你们都说"差钱"。除此之外，我说我担心以后有了孩子就没那么多自由了；Miss Meng说她比较担心自己喜欢的插画能不能作为一个事业；而你说想要找个伴儿，一个人在外面还是感觉不安全。

我们就这样天南海北地聊，你知道吗？这个过程，我特别开心，因为尽兴，没有一个人站出来说"你们别做梦了，说些实际点儿的不行吗"；反而我们通过理性的分析，越来越觉得想要实现一个理想，真的没那么难。

2020年，我怎么也没想到会在深圳生活三个月。那时，正好有一个合作的契机，而我也想试试，那就来呗。在深圳的这三个月，应该就是旅居生活的开始。

对我而言，深圳的消费远低于北京，我最满意的就是我现在住的房子，超级舒服，还能俯瞰深圳局部的Loft，如果是在北京，我可能要花两倍的价格才可以；我还在深圳开启了"深圳社交"，那些常年不联系的在深圳发展的朋友们，也可以约着吃个饭，谈谈事，让他们给我的创业指导一下。按照这样的节奏，如果明年冬天我想去大理或三亚旅居三个月，完全没有问题。

"旅居生活"应该是每个写作者的梦想，但这也是我前些年不敢想的事。因为那个时候我在职场工作，不能随便选择自己的生活方式，也担心去其他城市会增加生活的成本，而且觉得旅居的日子有可能会过得很无聊。

转眼间，也就一年的时间，我把爱好发展成了随地可以办公的事业；我阴差阳错地尝试了一下，发现成本没那么高，而且有爱我的人和我一起拼搏，日子一天天过得很有劲，这难道不是理想的生活吗？

咱们聊天的时候，我一直说："你们一定要相信理想的生活真的是可以实现的。"

我真的太兴奋了，从来没有从这个角度理解现在的处境，才几个月的时间而已，我已经过上了理想的生活，应该感恩且珍惜。我希望疫情早点儿结束，可以出国，接下来的目标就是多赚点儿钱，把未来想要出国旅居的费用再积攒得足一点儿。

我相信你们的梦想也会很快实现的，只要真想。如果你想把插画作为事业，一年的时间就足够了，我身边就有这样的例子，靠画插画月入一两万；如果你想找一个伴儿，一年的时间也已足够，无论男女、爱情还是友情，先陪伴着往前走就好。前提只有一个：你要相信它，然后用一年的时间集中为它做准备。

这些年，我真的见证了身边的人不知不觉间就过上了理想的生活。

一个出生于河南某县城的残疾女孩，每天笔耕不辍地写自媒体，抓住红利，写成了大号，在郑州买了房子，年入百万。

一个专科毕业的亲戚，毕业后在家里开了个网店，卖农产品，枸杞、菊花什么的。因为包装和品牌做得年轻化，现在一个店的业绩是几百万元，甚至改变了整个村子的产业结构。

一起在电视台工作的前同事，离职后开始做珠宝生意，从零起步，虽然没做成特别厉害的媒体号，但是也有不错的收益。

这两年我最大的感受是，身边有很多"闷声发大财"的人。成功的原因无它，他们只是简单地相信梦想。很多自以为聪明、自以为懂得所谓的规则的人太会自我反驳了，觉得我们想得太天真、太不切实际。殊不知，很多时候，人不是被别人困住的，而是作茧自缚。

这是一个机遇很多的时代，简单相信，集中实现，一旦开始，一切都会正向循环。

天真点，朋友们！世俗的成功不用学，天真这门课，得好好修。

Hey，痴迷跑步的女孩

我发了一张跑了10千米的照片，你问我："怎么坚持下来的，这么能跑？"我很少聊跑步这件事，正好你问了，我就来聊一聊这项我最喜欢的运动。

我身边的人对跑步这件事分成两大阵营：一个是特别喜欢跑步，每天不跑5千米就浑身难受；一个是可以举铁，每天去健身房无氧运动几小时，却坚决不跑步。喜欢跑步的是真喜欢；不喜欢跑步的，真的也是一点儿都不跑。

我当然属于前者。最初跑步，觉得它是所有运动里最简单的。我想减肥，就从最简单的开始，后来渐渐地爱上了跑步，是因为跑步于我，已经成为人生哲学。

每个阶段跑步，都有不同的感受。在我30岁创业第一年的当下，我将分享3个让我特别受益的"跑步哲学"。

首先，跑步最快乐的地方，在于"延迟满足"，你得有舍弃当下快乐的勇气。

熟悉我的小伙伴都知道，我是一个恨不得每分钟都学习的人，不负众望，我连跑步的时候都在学习，听各种音频课程，听各类书，我想边跑步边感受学习的快乐。但事实告诉我，这样反而不利于跑步，因为大脑要分散一部分精力去思考，跑着跑着速度就慢下来了。一慢下来，就感觉自己没劲儿了，就想结束。后来我跑步时只听音乐，什么都不想，因为大脑放松，以至于我跑5千米一点儿都不觉得累。跑步结束之后，我的状态还特别好，很多文章和课程，都是在我跑步之后的一小时内完成的，特别高效。

所以，不要在跑步的时候只顾当下的快乐，比如我非得要学习的快感；不如舍弃过程中的快乐，等一切结束，在多巴胺的作用下，好好享受"延迟满足"带来的更高效的快乐。

这和创业是一样的道理。刚开始创业的时候，我总想马上得到回报，就拿"写作陪伴"来说，如果有小伙伴一次没写作业，我就特别容易生气，后来时间久了才发现：哪怕这个人几次没写作业，只要她认真对待，坚持得够久，立刻就可以看得出与没学的差别。不要纠结于当下的收获，在创业中最大的快乐就是"延迟满足"，因为每一份延迟的礼物，都增添了惊喜的底色。

其次，跑步最重要的不是耐力，而是持之以恒的挑战自我。

很多人以为耐力好的人跑步就会容易，在我看来，耐力好只是一个很小的因子,真正起作用的反而是你面对挑战时不断突破自己的态度。

我很多次想要放弃跑步,是因为每次跑到5千米就结束了,时间久了,就觉得特别没意思,哪怕这件事很轻松了,哪怕能帮我减肥。"没意思"是运动中的大忌,如果一件事让你感觉没意思了,就相当于放弃了。后来为了鼓励自己,我就给自己设置了各种挑战,比如5千米必须在25分钟内完成;去室外跑;一周必须跑一次10千米。就像和自己做游戏一样,有新的障碍和新的规则,你的身体才会一直保持最好的状态。

创业难道不是如此吗?如果创业只是靠耐力的话,很多人成功的概率会大很多。事实上,如果不给自己设置挑战,很难获得创业成果:一方面,自己会疲软,失去创业的激情;另一方面,不给自己设置挑战,市场就会给你更大的挑战,很有可能打击得你一蹶不振。

自我挑战,在和自己的游戏中不断获胜,在我看来是每一个跑步者的灵魂。

最后,速度很重要。

很多人会对初跑步者说:"你不要在意速度,先让自己跑起来最重要。"这句话适合跑步新人,但不适合老手,因为提高跑步速度,会让他更开心。

通常情况下,跑5千米我花费40分钟左右,这就导致我在忙碌的时候就想偷懒，因为40分钟太久了，我不想坚持；后来，我不断提高速度，跑5千米花费25分钟左右。每次我想犹豫的时候，都会告诉自己："不就是25分钟吗？还不够看一集电视剧的。"就这样，提高速度，减少时间，大大降低了我的拖延门槛。

这也给我的创业带来很大的启发。最开始我告诉自己，慢慢来就好，所以在对未来的规划上很随意，反正我是长期主义者，何必在乎一个月或者一个季度。经历过很多的事，以及看到和我同时起步的人的发展程度后，我才意识到，速度在很大程度上决定了生产力。当别人在每个环节上都比你节省时间成本时，就意味着你的自我更新能力不如别人。

创业之路是非常孤独的，自我精进之路也是非常孤独的，我很感谢"跑步"这个朋友一直在陪着我，像老师或预言家一样，告知我一些马上要发生的变化。

跑步，于我而言也不再是出于热爱，而是像感受某种启示，认真聆听来自遥远的告诫和规训。希望你也如此。

Hey，无法平衡工作和生活的女孩

那天晚上，我做完一小时的直播课，开了一小时的会，准备拿本书来读的时候，收到了你的信息："蓑依，我刚加班结束，这个月几乎每天都在加班，已经十几天没和孩子吃过晚饭了。我很想问你，你是如何平衡工作和生活的？"

我回答："我不能，我也不想。"

在讨论这个问题之前，我先说一对概念：工作和生活，在我的认知里是不同的，也就导致我回答这个问题会有不同的答案。

我们能平衡工作和生活吗？我的答案是："很难，但可以。"我有过4年的工作经历，在那4年里，哪怕我经常赶项目彻夜不睡，也还是可以用一些技巧节省工作时间，好好生活的。那4年是我人生中最轻松的时光，能有大段的时间去旅行，还谈了两次恋爱。我认为自己在某种程度上做到了很好地平衡工作和生活。

我们能平衡事业和生活吗？我的答案是："很难，基本上做不到。"事业是什么？事业是你愿意全力以赴，并且是你的热情所在。如果你做的是事业，无论是在职场还是创业，你都可以感受到：这件事是我的热情所在。谁说必须对生活有热情才是珍贵的？人生中，找到一个有热情的东西，就已经足够幸运了。不是事业复杂或困难，让你无法平衡了，而是你对事业失去了热情。你不想做了，也不再为难自己去做。

对，这就是我这个阶段的答案——事业是我的热情所在。能找到一件有热情的事就足够奢侈了，我不敢也不需要更多，我做不到平衡，那就做不到吧。

在过去的一年，我几乎没有自己的生活，事业和生活的比例大致是9∶1吧。其实我有心想要做到100%投入事业中，但是扛不住，会很疲惫，于是就拿出10%的时间投入生活，让生活成为事业很好的补充。你不要问我："这是不是很无趣啊？"这有趣得很呢。尤其在创业的最初阶段，一切都是新的，根本不知道会发生什么，也不知道自己能做些什么，步步惊心，却也步步惊喜。

当你不再执着于"平衡"这个标准的时候，反而更容易找到属于自己的平衡。

说实话，我没有见过任何人真的做到了平衡事业和生活，在某种程度上这就是个伪命题，不要为它所捆绑。

当然，我不得不说还有两个因素：第一，我没有孩子，所以相对来说，我只找自己的平衡就好，不知道有了孩子之后会怎么样，也许我会花更多的时间在孩子身上，也许不会；第二，找到一个理解你的伴侣很重要，如果你的伴侣不认可和欣赏你对事业的追求，你就无法平衡事业和生活。"伴侣"考验的从来都不只是相爱，还有三观，三观不一致，再相爱也无法做到彼此理解。

最后，希望看完这篇文章的你能够忘记"平衡事业和生活"这个命题，它本就不应该存在。